高等院校化学课实验系列教材

内江师范学院本科教学工程项目（JC17006）资助出版

物质分离与富集实验

廖立敏　李建凤　黄茜　编著

图书在版编目(CIP)数据

物质分离与富集实验/廖立敏,李建风,黄茜编著.—武汉：武汉大学出版社,2018.1(2021.12 重印)
高等院校化学课实验系列教材
ISBN 978-7-307-19905-7

Ⅰ.物…　Ⅱ.①廖…　②李…　③黄…　Ⅲ.①物质—分离法—实验—高等学校—教材　②化学分析—富集—分析方法—实验—高等学校—教材　Ⅳ.O658-33

中国版本图书馆 CIP 数据核字(2017)第 309189 号

责任编辑:王金龙　　责任校对:李孟潇　　版式设计:韩闻锦

出版发行：**武汉大学出版社**　(430072　武昌　珞珈山)
(电子邮箱：cbs22@whu.edu.cn　网址：www.wdp.com.cn)
印刷:武汉邮科印务有限公司
开本:720×1000　1/16　印张:12.5　字数:224 千字　插页:1
版次:2018 年 1 月第 1 版　2021 年 12 月第 2 次印刷
ISBN 978-7-307-19905-7　定价:28.00 元

前　言

涉及各种资源的开发利用、复杂物质的分析等领域都离不开分离。分离方法已经发展成为各种资源开发利用及分析化学中的一个重要分支。一些高校的应用化学专业、资源循环科学与工程专业等开设了物质分离与富集实验课程，主要目的是使学生进一步巩固专业基础理论和分析实验技能，能比较系统地掌握复杂物质分析中各种常用分离与富集方法的理论和实践知识，培养综合运用各种专业知识解决实际工作中一般物质制备和测试的能力。使学生从应用角度出发，从理论上掌握对复杂物质进行分离与富集的各种方法和具体操作过程，能够深入地理解各种化学和物理方法在复杂物质分离与富集中的应用，使其具有初步分离复杂物质和富集微量物质的能力。目前市面还未见有物质分离与富集实验教材，因此笔者在内江师范学院教师原有的物质分离与富集实验讲义的基础上，结合近10年的教学改革实践，并参阅了大量相关书籍和科研成果，编写了此教材。

本教材以资源提取分离利用、化合物分离分析为重点，以提高学生实验技能、综合应用所学知识分析及解决实际问题的能力、培养创新意识为宗旨，共选编了38个实验。具体由九个部分组成，第一部分为沉淀分离法，共选编了3个实验；第二部分为挥发与蒸馏分离法，共选编了4个实验，涉及蒸馏、水蒸气蒸馏、升华分离法；第三部分为萃取分离法，共选编了8个实验，涉及液液萃取、溶剂回流提取、超声波法提取、微波法提取、酶法提取、内部沸腾法提取、双水相提取、索氏提取；第四部分为色谱分离法，共选编了4个实验，涉及柱色谱、纸色谱、薄层色谱和高效液相色谱；第五部分为离子交换分离法，共选编了3个实验，涉及阳离子交换柱、阴离子交换柱和混合柱；第六部分为电泳分离法，共选编了3个实验，涉及膜电泳、凝胶电泳和毛细管电泳；第七部分为泡沫浮选分离法，共选编了2个实验，涉及离子浮选和溶剂浮选法；第八部分为膜分离法，共选编了2个实验，涉及纳滤和反渗透膜分离；第九部分为综合实验，共选编了9个实验，每个实验涉及两种或两种以上的分离富集方法。

本书实验所涉及的物质分离与富集方法，对于化学相关专业的学生均较为实用，因而本书可供高等院校化学、化工类、资源循环科学与工程、制药等专业的本科或专科学生使用，也可供其他相关领域的研究人员及研究生参考。

本书的编著工作主要由内江师范学院化学化工学院的廖立敏、李建凤、黄茜三位老师完成，李建凤、黄茜完成了部分实验的编写和部分实验的审定，廖立敏编写了全书的大部分实验并审定全稿。教材的编写过程中参阅了部分现有教材、科研论文等资料，在此向有关作者表示感谢。编写过程中得到了学院相关领导的关心和支持，在此表示衷心的感谢！感谢内江师范学院本科教学工程项目(JC17006)对本书出版的资助。

本书虽然经过反复斟酌和修改，但由于编者水平和编写时间的限制，疏漏和不足之处在所难免，恳请同行和读者批评指正。

作　者

2017 年 11 月

目　　录

绪　论

实验中所使用的试剂和溶剂，多数具有易燃性、易爆性和毒性等特性。虽然我们选择实验时尽量选用低毒的溶剂和试剂，但是大量使用时，对人体也会造成一定的伤害。因此防火、防爆、防中毒及用电安全等已成为化学实验者必备的知识。进行化学实验的人员，必须经过化学安全知识培训，才能进入实验室进行实验。

一、实验室安全知识

进入实验室开始工作前，应了解水阀门、电闸、灭火器等所在处。离开实验室时，一定要将室内检查一遍，应将水、电等的开关关好，门窗锁好。

1. 防火

实验中使用的有机溶剂多数具有易燃性，为了防止着火，实验中应注意以下几点：

(1)不能用敞口容器加热和放置易燃、易挥发的化学药品。对于沸点低于80℃的液体，在蒸馏时严禁用明火直接加热。

(2)尽量防止或减少易燃气体的外逸，处理和使用易燃物时，应远离明火。注意室内通风，及时将其蒸气排出。

(3)易燃、易挥发的废物，不得倒入废液缸和垃圾桶中。量大时，专门回收处理；量小时，除与水发生猛烈反应者外，可倒入水池用水冲走。

(4)实验室不得存放大量易燃、易挥发性物质。

(5)必须牢记“点明火必须远离有机溶剂，操作易燃溶剂必须远离火源”的原则。

实验中一旦发生了火灾切不可惊慌失措，应保持镇静。首先立即切断室内一切火源和电源，然后根据具体情况积极正确地进行抢救和灭火。常用的方法有：

(1)在可燃液体着火时，应立刻拿开着火区域内的一切可燃物质，关闭通风器，防止扩大燃烧。若着火面积较小，可用石棉布、湿布、铁片或沙土覆盖，隔绝空气使之熄灭。但覆盖时要轻，避免碰坏或打翻盛有易燃溶剂的玻璃器皿，导致更多的溶剂流出而增大火势。

(2)酒精及其他可溶于水的液体着火时，可用水灭火。

(3)汽油、乙醚、甲苯等有机溶剂着火时，应用石棉布或土扑灭。绝对不能用水，否则会扩大燃烧面积。

(4)金属钠着火时，可把沙子倒在它的上面进行灭火。

(5)导线着火时不能用水和二氧化碳灭火器，应切断电源或用四氯化碳灭火器。

(6)衣服被烧着时切不要奔走，可用衣服、大衣等包裹身体或躺在地上滚动，以灭火。

(7)发生火灾时注意保护现场，较大的着火事故应立即报警。

2. 防爆

化学实验中，爆炸事故时有发生。一般以下两种情况容易引起爆炸：

(1)某些化合物容易发生爆炸，如过氧化物、芳香族多硝基化合物等，在受热或受碰撞时，均会发生爆炸。含过氧化物的乙醚在蒸馏时容易发生爆炸；乙醇和浓硝酸混合在一起，会引起极强烈的爆炸；在空气中混有易燃有机溶剂蒸气或易燃、易爆气体，且它们在空气中的含量达到爆炸极限时，遇明火即可发生燃烧爆炸。

(2)仪器安装不正确或操作不当时，也可引起爆炸。如蒸馏或分馏实验装置未与大气相通，使得反应处于密闭体系中；减压蒸馏中使用不耐压的容器等。

为了防止爆炸事故的发生，应注意以下几点：

(1)使用易燃、易爆物品时，应严格按操作规程操作，且应特别小心。

(2)反应过于猛烈时，应控制加料速度和反应温度，必要时采取冷却措施。

(3)常压操作时，不能在密闭容器内进行加热或反应，反应装置必须有一出口通向大气。

(4)减压蒸馏时，不能用平底烧瓶等不耐压容器作为接收器或反应瓶。

(5)无论是常压蒸馏还是减压蒸馏，均不能将液体蒸干，以免局部过热或产生过氧化物而发生爆炸。

3. 防中毒

大多数化学药品都具有一定的毒性，能使人中毒。有毒物品主要是通过呼吸道和皮肤接触对人体造成危害，因此预防中毒应做到：

(1)称量药品(尤其是有毒物质)时应使用工具，不得直接用手接触。

(2)使用和处理有毒物质时，应在吸毒柜中进行或加气体吸收装置，并戴好防护用具。尽可能避免蒸气外逸，以防造成污染。

(3)如果发生中毒现象，应让中毒者到通风好的地方，并立即采取解毒措施：轻者先自救，重者立即送医院救治。

化学药品中毒的应急处理方法：

(1)溅入口中而尚未咽下者应立即吐出，再用大量水冲洗口腔。如已吞下，应根据毒性物性质给以解毒剂，并立即送医院。

(2)腐蚀性毒物：若是强酸，则先饮大量的水，然后服用氢氧化铝膏、鸡蛋白；若是强碱，也应先饮大量的水，然后服用醋、酸果汁、鸡蛋白。无论是酸还是碱中毒，皆可灌注牛奶，不要吃呕吐剂。

(3)刺激剂及神经性毒物：先服牛奶或鸡蛋白使之立即冲淡和缓解，再用一大匙硫酸镁(约 30g)溶于一杯水中催吐。有时也可用手指伸入喉部促使呕吐，然后立即送医院。

(4)吸入有毒气体中毒：应迅速将中毒者移至室外，解开衣领及纽扣。如吸入少量氯气或溴蒸气，可用碳酸氢钠溶液漱口。

(5)温度计打破后，水银容易由呼吸道进入人体，也可以经皮肤直接吸收而引起积累性中毒。严重中毒时口中有金属味，呼出气体也有气味；流唾液，打哈欠时疼痛，牙床及嘴唇上有硫化汞的黑色；淋巴结及唾腺肿大。若不慎中毒，应送医院急救。急性中毒时，通常用碳粉或呕吐剂彻底洗胃，或者食入蛋白(如 1 升牛奶加 3 个鸡蛋清)或蓖麻油解毒并使之呕吐。

4. 防灼伤

皮肤接触了高温、低温或腐蚀性物质后，均可能被灼伤。为了避免灼伤，在接触这些物质时，最好戴橡皮手套和防护眼镜。

发生灼伤时应按下述要求处理：

(1)碱灼伤：立即用大量清水冲洗，再用 1%~2%的乙酸或硼酸溶液冲洗，最后再用水冲洗，严重时涂上烫伤膏。

(2)酸灼伤：立即用大量清水冲洗，再用1%碳酸氢钠溶液清洗，最后涂上烫伤膏。

(3)溴灼伤：立即用大量清水冲洗，再用酒精擦洗或用2%硫代硫酸钠溶液洗至灼伤处呈白色，然后涂上甘油或鱼肝油软膏加以按摩。

(4)热水烫伤：一般在患处涂上红花油，然后擦烫伤膏。

(5)钠灼伤：可见的小块用镊子移去，其余与碱灼伤处理相同。

(6)以上物质一旦溅入眼睛中，应立即用大量清水冲洗，并及时送医院治疗。

5. 用电安全

使用电器时，应先将电器设备上的插头与插座连接好，再打开电源开关。人体不能与电器导电部分直接接触，不能用湿手或手握湿物接触电源插头。使用电器前，应检查线路连接是否正确，电器内外是否保持干燥，不能有水或其他溶剂。为了防止触电，装置和设备的金属外壳应连接地线。实验完成后，先关掉电源，再拔电源插头。

触电时可按下述方法之一切断电路：

(1)关闭电源。

(2)用干木棍使导线与触电者分开。

(3)使触电者和土地分离，急救时急救者必须做好防止触电的安全措施，手或脚必须绝缘。

二、着装和穿戴要求

(1)为了防止皮肤吸收毒物，防止烧伤、烫伤、冻伤，进入实验室区域工作时，必须穿好工作服。不得穿无袖衫、短裤、裙子、拖鞋、高跟鞋以及暴露脚背脚跟的鞋子。

(2)为了避免头发着火或被卷入仪器中，长辫、长发必须扎紧，置于工作服内或戴工作帽。

(3)在处理强腐蚀性物质时，要穿防护服或围裙，戴乳胶手套、防护眼镜或面罩；处理有毒气体时应戴防毒面具；在高易燃性物质场所，不可穿着会产生火花的化纤材料制成的服装，尤其不可当场穿脱。

第一部分　沉淀分离法

沉淀分离法是在试料溶液中加入沉淀剂，使某一成分或某一类组分以一定组成的固相形式析出，经过滤操作而与液相分离的方法。沉淀分离法原理简单，无需特殊的实验装置，是一种古老、经典的化学分离方法。虽然沉淀分离法须经过滤、沉淀洗涤等操作，繁琐费时；且某些组分沉淀不完全，沉淀剂对某些组分选择性差。但是随着科学的发展，各种过滤设备的出现加快了过滤速度；有机沉淀剂的使用，提高了选择性和分离效率，因而沉淀分离法仍然是实验室常用的一种分离方法。这部分共选编了3个实验。实验1：沉淀与溶液的分离，主要是为了练习过滤操作，了解沉淀状态与沉淀条件的关系，学习检查沉淀完全与否的方法；实验2：粗硫酸铜的提纯，主要是让学生学会利用沉淀分离法去除杂质；实验3：中性盐沉淀法分离蛋清中的蛋白质，主要是让学生学会利用盐析法从蛋清中沉淀分离目标蛋白质的原理和操作。

实验1　沉淀与溶液的分离

一、实验目的

(1)掌握倾析法、常压过滤、减压过滤和沉淀洗涤的正确操作；
(2)了解沉淀状态与沉淀条件的关系；
(3)学习检查和判断沉淀完全与否的方法。

二、实验原理

沉淀分为无定形沉淀($Fe(OH)_3$等氢氧化物)、微晶形沉淀($Mg_2(OH)_2CO_3$)、晶形沉淀($BaSO_4$)和大晶形($CuSO_4 \cdot 5H_2O$)沉淀。无定形与微晶形沉淀难成晶核，或晶体本身难长大而易形成胶体，会穿透滤纸，所以当采用沉淀分离法分离某一物质时，应抑制胶体的形成。晶形沉淀有序，晶核数量少，控制沉淀剂略过饱和，从而利于晶核的长大。大晶形沉淀形成和生长速度很快，易包裹母液，从而使纯度降低，所以要搅拌，以使晶体变小、减少包裹。制备沉淀时，希望沉淀颗粒粗大，易于过滤和洗涤。为使沉淀完全，沉淀剂应过量10%~30%。

三、仪器与试剂

1. 仪器

托盘天平、研钵、烧杯、酒精灯、石棉网、木垫、洗瓶、玻璃棒、循环水式多用真空泵、抽滤装置、滤纸、点滴板(或表面皿)。

2. 试剂

$CuSO_4 \cdot 5H_2O$、$NaHCO_3$、蒸馏水、0.1mol/L $BaCl_2$ 溶液、0.1mol/L $Fe_2(SO_4)_3$溶液、6mol/L NaOH 溶液。

四、实验步骤

1. 碱式碳酸铜的制备及分离

称取 5g $CuSO_4 \cdot 5H_2O$ 和 4g $NaHCO_3$ 于研钵中研碎混合均匀。在一烧杯中加入 100mL 蒸馏水，酒精灯加热至近沸，停止加热，分多次加入上述混合物，边加边搅拌。加热至近沸约 5min，取下烧杯，在烧杯底部一侧放上木垫使烧杯倾斜静置，溶液澄清后倾析与洗涤，检测溶液中是否存在 SO_4^{2-} 离子，若无则减压抽滤与洗涤产品，回收产品。

2. $Fe(OH)_3$胶状沉淀的生成、破坏与分离

往一烧杯中加入 30mL 0.1mol/L $Fe_2(SO_4)_3$溶液，再往烧杯中快速加入 6mol/L NaOH 溶液，观察沉淀状态。加热至沸腾，调节溶液 pH 值约等于 5，充分煮沸搅拌约 10min，观察沉淀状态有何变化。减压过滤，回收产品。

五、注意事项

(1)加 $CuSO_4 \cdot 5H_2O$ 和 4.0g$NaHCO_3$固体时不能太快，以防止爆沸。

(2)加热生成沉淀的过程中，要不断搅拌，人不能离开，以防止溶液溅出。

◎ 思考题

1. 怎样判断实验效果？

2. 沉淀状态与沉淀条件有什么关系？如果需要得到胶体沉淀，应该怎样操作？如果需要得到晶形沉淀，又应该怎样操作？

◎ 附：SHZ-CD 型循环水式多用真空泵简介

一、基本结构

SHZ-CD 型循环水式真空泵(图 1-1)是大功率多头抽气的一种新型不锈钢循环水式多用真空泵，本机设计内外循环水，一机多用，可以五头同时抽气，具有不用油、无污染、功率大、噪音低、方便灵活、节水省电等优点。

(1)一机单表多管作业，设有五个抽气头，可单独或并联使用。

(2)外壳采用全不锈钢的防腐壳，噪音低，寿命长。

(3)主机泵体，叶轮分水器。常用于减压过滤、减压蒸馏、真空干燥等方面。

图 1-1　SHZ-CD 型循环水式多用真空泵

二、使用方法

使用前将使用的抽气头与一安全瓶相连，并使安全瓶活塞打开。然后由安全瓶连接到吸滤瓶(抽滤瓶)或其他反应体系。认真检查设备及管道的密闭性后，开启真空泵，关闭安全瓶活塞，由压力表读取体系真空度。抽气完毕后，先开启安全瓶活塞，然后使真空泵与反应体系分离，继续抽气 1~2 min 以排空内部腐蚀性气体，最后关闭真空泵电源。

三、注意事项

(1)若循环水式真空泵抽滤头使用时气密性不好，可以缠绕几圈密封圈，以确保密封性；

(2)若循环水式真空泵的水箱过脏，可拆卸下来用自来水冲洗，冲洗完毕后将箱体进水孔用橡皮管连接在水龙头上，然后再用橡皮管连接在溢水嘴上，使之连续循环进水，不致水位升高而影响真空度，不致有机溶剂长期在箱内滞留而腐蚀泵体。

(3)机器日常保持清洁，每次工作完毕后，仔细清理设备及操作平台。

实验 2　粗硫酸铜的提纯

一、实验目的

(1)学会利用沉淀分离法去除杂质；
(2)掌握热蒸发、重结晶、倾析法、减压过滤的正确操作；
(3)了解用重结晶法提纯物质的原理。

二、实验原理

可溶性晶体物质可用重结晶法提纯，根据物质溶解度的不同，一般可先用溶解、过滤的方法除去易溶于水的物质中的所含难溶于水的杂质，然后再用重结晶法使少量易溶于水的杂质分离。重结晶的原理是由于晶体物质的溶解度一般随温度的降低而减小，当加热的饱和溶液冷却时，待提纯的物质首先以结晶析出，而少量杂质由于尚未达到饱和，仍留在溶液中。

粗硫酸铜晶体中的杂质通常以硫酸亚铁、硫酸铁为最多，当蒸发浓缩硫酸铜溶液时，亚铁盐易被氧化为铁盐，而铁盐易水解有可能生成 $Fe(OH)_3$沉淀，混杂于析出的硫酸铜结晶中，所以在蒸发过程中溶液应保持酸性。

若亚铁盐或铁盐含量较多，可先用过氧化氢(H_2O_2)将 Fe^{2+} 离子氧化为 Fe^{3+}离子，再调节溶液的 pH 值至 4 左右，使 Fe^{3+}水解为 $Fe(OH)_3$沉淀而除去。

$$2Fe^{2+} + H_2O_2 + 2H^+ \xlongequal{\quad} 2Fe^{3+} + 2H_2O$$

$$Fe^{3+} + 3H_2O \xlongequal{\quad} Fe(OH)_3\downarrow + 3H^+$$

三、仪器、试剂与材料

1. 仪器

托盘天平、研钵、漏斗、烧杯、酒精灯、石棉网、木垫、洗瓶、玻璃棒、抽滤装置、布氏漏斗、滤纸、点滴板(或表面皿)。

2. 试剂与材料

0.1mol/L H_2SO_4溶液、0.5mol/L NaOH 溶液、3%过氧化氢、固体硫酸铜、pH 试纸。

四、实验步骤

1. 称量和溶解

称取粗硫酸铜晶体 8g，放入已洗涤干净的 100mL 烧杯中，用量筒量取 35~40mL 水加入上述烧杯中。然后将烧杯放在石棉网上加热，并用玻璃棒搅拌，当硫酸铜完全溶解时，立即停止加热。

2. 沉淀

往溶液中加入 1.5mL 3% H_2O_2溶液，加热，逐滴加入 0.5mol/L NaOH 溶液直至 pH≈4(用 pH 试纸检验)，再加热片刻，使红棕色 $Fe(OH)_3$沉降。

3. 过滤

将折好的滤纸放入漏斗中，从洗瓶中挤出少量水湿润滤纸，使之紧贴在漏斗内壁上。将漏斗放在漏斗架上，趁热过滤硫酸铜溶液，滤液接收在清洁的蒸发皿中。从洗瓶中挤出少量水淋洗烧杯及玻璃棒，洗涤水也必须全部滤入蒸发皿中。按同样操作再洗涤一次。将过滤后的滤纸及不溶性杂质投入废液缸中。

4. 蒸发和结晶

在滤液中加入 3~4 滴 1mol/L H_2SO_4使溶液酸化。然后在石棉网上加热、蒸发、浓缩(勿加热过猛以防液体溅失)至溶液表面刚出现蓝色固状物薄层时，立即停止加热(注意不可蒸干)。让蒸发皿冷却至室温或稍冷片刻，再将蒸发皿放在盛有冷水的烧杯上冷却，使 $CuSO_4 \cdot 5H_2O$ 晶体析出。

5. 吸滤分离

将蒸发皿内 $CuSO_4 \cdot 5H_2O$ 晶体全部移到预先铺上滤纸的布氏漏斗中，减压过滤，尽量抽干，并用干净的玻璃棒轻轻挤压布氏漏斗上的晶体，尽可能除去晶体间夹带的母液。停止抽气过滤，取出晶体，把它摊在两张滤纸之间，用手指在纸上轻压以吸干其中的母液。

6. 数据记录

称量硫酸铜，计算回收率，观察产品外观并与实验前的粗硫酸铜进行对比，回收产品。

五、注意事项

(1)粗硫酸铜晶体要充分溶解，加热溶解时用玻璃棒搅拌，玻璃棒不能碰着烧杯壁。

(2)pH 值的调整(pH≈4)，加入 NaOH 溶液调节 pH 值时，必须逐滴加并在搅拌均匀后再测 pH 值。

(3)注意倾析法过滤操作的要领。

(4)浓缩、结晶程度的掌握，加热蒸发浓缩时火勿太大，以免溶液暴沸飞溅，不可完全蒸干。

(5)抽滤操作(布氏漏斗装置减压过滤)，布氏漏斗的颈口斜面应与吸滤瓶的支管口相对，提纯后的晶体应用滤纸尽可能吸干水分。

◎ 思考题

1. 溶解固体时加热和搅拌起什么作用？过滤操作中应注意哪些事项？

2. 用重结晶法提纯硫酸铜，在蒸发滤液时，为什么加热不可过猛？为什么不可将滤液蒸干？

3. 除杂质铁时，为何要将 Fe^{2+} 氧化为 Fe^{3+}？最后为何将 pH 值调至 4 左右？偏高或偏低将产生什么影响？

实验3　中性盐沉淀法分离蛋清中的蛋白质

一、实验目的

(1)掌握盐析的原理；
(2)学会利用盐析法从蛋清中分离目标蛋白质的技术。

二、实验原理

在稀盐溶液中，蛋白质的溶解度会随盐浓度的升高而增加，这种现象被称作盐溶。但是当盐的浓度继续增高时，蛋白质的溶解度又会不同程度下降并先后从溶液中析出，这种现象被称为盐析。上述现象是由于蛋白质分子中极性基团之间存在静电力。在低盐浓度下，蛋白质分子中极性基团之间的静电力受盐离子的影响而被消除，蛋白质在水中的极性基团的电荷被中和，水化膜被破坏，于是蛋白质分子之间相互聚集并从溶液中析出。盐析法就是根据不同蛋白质在一定浓度的盐溶液中溶解度降低程度的不同而达到彼此分离的方法。

三、仪器与试剂

1. 仪器

100mL锥形瓶、50mL烧杯、50mL带盖离心管、离心机。

2. 试剂

蛋白质溶液(5%卵清蛋白溶液或鸡蛋清水溶液，即新鲜鸡蛋清：水=

1∶9）、饱和硫酸铵溶液、固体硫酸铵。

四、实验步骤

1. 球蛋白的析出与溶解

取一个锥形瓶，加入蛋白质溶液5.0mL，再加等量的饱和硫酸铵（半饱和硫酸铵）溶液，混匀后静置数分钟，则析出球蛋白。将混合液转移至两离心管（等量）中，2000 r/min离心5min，小心将上清液转移至小烧杯，向球蛋白沉淀中加少量蒸馏水，观察是否溶解，为什么？

2. 清蛋白的析出与溶解

向小烧杯中的上清液中添加硫酸铵粉末，边加边摇，直至不再溶解为止，此时析出的沉淀为清蛋白。转移至两离心管（等量）中，2000 r/min离心5min，弃上清液，向清蛋白沉淀中加少量蒸馏水，观察是否溶解，为什么？

五、注意事项

观察球蛋白是否溶解时，为使现象更加明显，注意控制加水量。

◎ 思考题

1. 盐析后球蛋白沉淀加水再溶解后，加热，再加水，是否会溶解？为什么？
2. 清蛋白沉淀加水后再溶解，用何方法可再沉淀而不变性？

◎ 附：TDL-5A低速大容量离心机简介

一、功能简介

离心分离技术是根据颗粒在一个离心场合中的状态而发展起来的技术。不同密度、大小或形状的颗粒在不同的离心场合中沉降，所以密度、大小、形状非均一的混合物，可以用离心的方法加以分离，离心机就是为了进一步研究生物化学、分离制备物质而设计的设备。例如收集细胞、分离血浆，从这些预纯化的制剂中分离DNA和蛋白质分子，并可分离出病毒以及大肠杆菌、细胞成分、核蛋白微粒等。TDL-5A低速大容量离心机（又称台式低速离心机、沉淀离心机、实验室离心机，见图1-2）的用途：可广泛用于生物、化学、医学、药学、食品、环保、科研院校等单位实验室、化验室对血浆、血小板、血清、尿素等作定性分析及其他悬浮物液体、不同密度的粒子进行离心沉淀、分离制备。本机采用无刷直流电机，微机控制，具有RCF自动计算与设定，设有多种程序保护，具有自动平衡功能，操作简便，使用安全。

图1-2　TDL-5A低速大容量离心机

二、技术参数

(1)使用电源：交流220V，50Hz；

(2)整机功率≤600W；

(3)最大转速：5000 r/min(可调，微机控制)；

(4)最大容量：250mL×4；

(5)最大相对离心力≤4390×g；

(6)定时范围：0~99min；

(7)自动报警；

(8)噪声≤65db；

(9)转子容量：250mL×4、100mL×4、50mL×4、50mL×8、10mL×28、10mL×32、10mL×36、5mL×36、5mL×48。

三、使用方法

首先将离心机所配离心管加入需分离的物质，分别插入离心头孔中，每支离心管所加物质的质量必须基本相等，合上盖板，接通电源，根据面板上的指示选择好所需要的速度和工作时间，再按认可键和启动键，此时离心机即开始工作。当到达设定的工作时间时会自动发出报警声并停止工作。

四、注意事项

(1)严禁各种液体或其他杂物进入离心工作室内，否则会损坏主机。

(2)仪器外壳应妥善接地，以免整机受潮影响而发生意外。

(3)离心头在高速运转时请不要随意打开上盖。

(4)当选择认可错误时会自动报警，提醒你重新选择认可。

(5)当离心机平衡体失重大于10g时会自动报警，仪器停止工作，请重新平衡加注离心溶液。

(6)在使用离心机时，如果发现离心头偏心，请懂行人员查修，首先打开底盖，查看电机三根支柱是否偏位，进行调整即可；如果有其他情况返厂维修。

第二部分　挥发与蒸馏分离法

挥发与蒸馏分离法是指利用物质挥发性的差异分离某些组分的方法。挥发法是将气体和挥发组分从液体或固体样品中转变为气相的过程，它包括蒸发、蒸馏、升华、气体发生和驱气，有时又称为气态分离法。蒸馏是基于气-液平衡的原理将物质的组分分离，主要用于物质组分的分离提纯和制备。此部分共选编了3个实验。实验4：无水乙醇的制备，主要是为了让学生学会利用挥发蒸馏法制备一定纯度的纯物质，掌握回流装置安装、带干燥管的蒸馏等基本操作；实验5：减压蒸馏提纯苯甲酸乙酯，主要是让学生掌握减压蒸馏的特点和应用，学会安装和使用减压蒸馏装置；实验6：升华法提取茶叶咖啡因，让学生了解并掌握如何利用升华纯化固体产物的方法和原理，掌握升华的操作。

实验 4　无水乙醇的制备

一、实验目的

(1)学会利用挥发蒸馏法制备纯物质；

(2)学会实验室制取无水乙醇的原理和方法；

(3)了解无水乙醇检验方法；

(4)掌握带干燥管的回流装置安装、蒸馏等基本操作。

二、实验原理

一般可以采用蒸馏或分馏法除去有机溶剂中的水分，但是乙醇和水能形成恒沸混合物——95%的乙醇，其中 5%的水不能用蒸馏或分馏方法除去，只能通过化学法或物理吸附方法除水。本实验采用化学方法(氧化钙法)：

$$H_2O+CaO \xlongequal{} Ca(OH)_2$$

蒸馏后获得无水乙醇，纯度最高可达 99.5%，如果再高，就必须用金属镁或金属钠对无水乙醇进行处理。

无水乙醇检验方法：无水 $CuSO_4$法和干燥 $KMnO_4$法。

三、仪器、装置与试剂

1. 仪器与装置

250mL 圆底烧瓶、回流冷凝管、接受器(瓶)、干燥管、酒精灯，实验装置如图 2-1 所示。

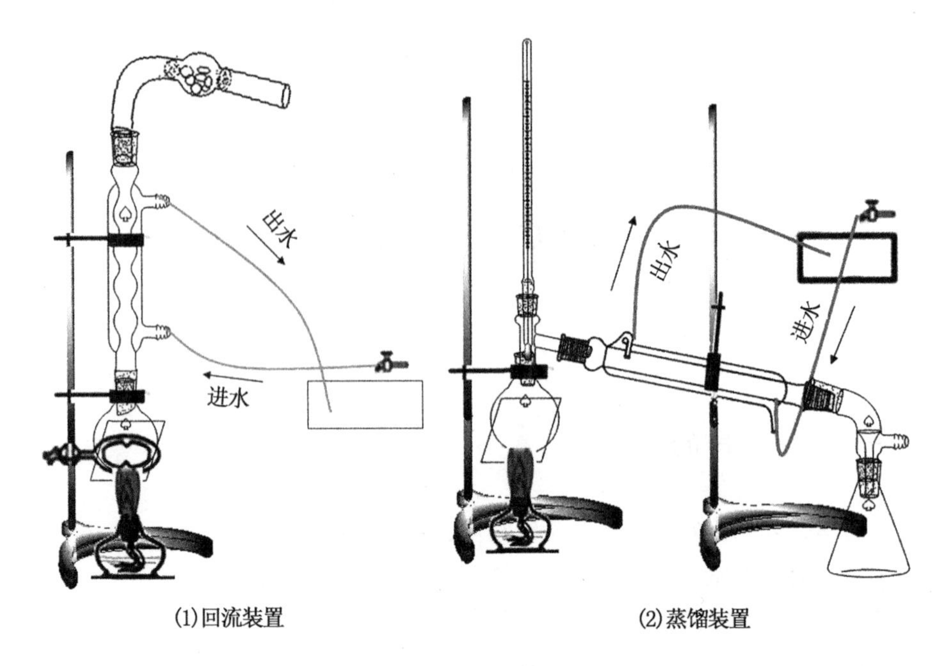

图 2-1　实验装置

2. 试剂

100mL 工业酒精、30gCaO、无水 $CaCl_2$、无水 $CuSO_4$或 $KMnO_4$。

四、实验步骤

1. 量取药品、安装装置

量取 100mL 灯用酒精，称量 30g 生石灰氧化钙，并取 2~3 颗沸石，一起加到圆底烧瓶中，装好装置。

2. 加热回流

水浴或直接加热回流，小心暴沸；1. 5~2h 后停止加热。

3. 蒸馏

稍冷后将回流装置改为蒸馏装置，收集温度变化较小的范围内的馏分（约

78℃)，当温度上升或下降较多时停止，保留前馏分和收集馏分，量取馏分的体积。待冷却后，拆下装置，洗净仪器装置(烧瓶中的固体倒到垃圾桶中，不要往水槽里倒)。

4. 计算回收率(产率)

5. 纯度检验

检验乙醇的纯度(是否有水分)，与未提纯95%乙醇或工业酒精和初次蒸出的乙醇试验比较。

五、注意事项

(1)蒸馏开始时，应缓慢加热，使烧瓶内的物料缓慢升温。当温度计的温度达到乙醇的沸点时(78℃)，再收集馏出液。

(2)当烧瓶中的物料变为糊状物时，表示蒸馏已接近尾声。此时，应立即停止加热，利用余温将剩余的液体蒸出，以避免烧瓶过热破裂。

(3)制备的无水乙醇，量取体积后不能随意倒掉，应该回收或直接添加至酒精灯中作为燃料使用。

◎ 思考题

1. 蒸馏与回流时，加入沸石的目的是什么？
2. 如果在开始加热后发现未加入沸石，应该怎么办？
3. 为什么接引管支口上应接干燥管？

实验5 减压蒸馏提纯苯甲酸乙酯

一、实验目的

(1)掌握挥发蒸馏法分离物质的基本原理、减压蒸馏的应用;
(2)掌握减压蒸馏仪器装置的安装和操作方法。
(3)掌握减压蒸馏时体系压力的计算和沸点的确定。

二、实验原理

对于高沸点有机化合物或在常压下蒸馏易发生分解、氧化或聚合的有机化合物，常可采用减压蒸馏进行分离、提纯。

液体的沸点随外界压力变化而变化，若系统压力降低了，则液体的沸点温度也随之降低。当压力降低到2.666 kPa时，多数有机物的沸点将比正常沸点降低100~120℃。

苯甲酸乙酯压力和沸点的关系如表2-1所示。

表2-1 苯甲酸乙酯压力和沸点的关系表

压力	mmHg	10	20	40	60	100
	kPa	1.33	2.60	5.32	7.89	13.3
沸点	℃	86.0	101.4	118.2	129.0	143.0

三、仪器、装置与试剂

1. 仪器与装置

循环水式多用真空泵、减压蒸馏装置(毛细管)、酒精灯(电炉或电加热套)、温度计、真空泵、量筒。装置如图 2-2 所示。

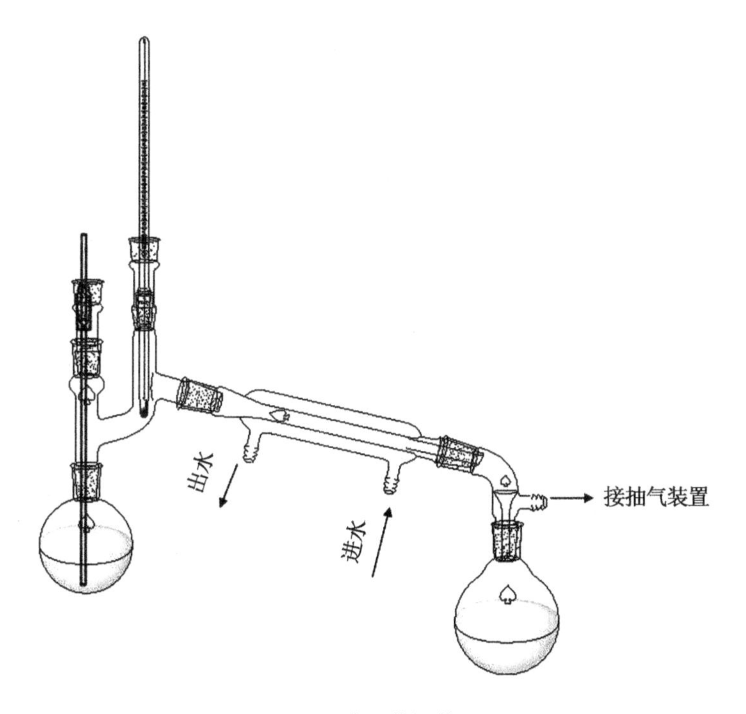

图 2-2　减压蒸馏装置

2. 试剂

苯甲酸乙酯。

四、实验步骤

1. 安装装置

安装好减压蒸馏装置，进行气密性检查，系统低压至少要达到 10mmHg。

2. 蒸馏

将 20mL 苯甲酸乙酯倒入圆底烧瓶(溶液体积为圆底烧瓶容积的 1/3～1/2)，先打开安全瓶上的两通活塞，开泵抽气，慢慢关闭安全瓶上的两通活塞调节，调节毛细管上的螺旋夹，使液体中产生连续而平稳的小气泡。开启冷凝水，加热，控制流速为1~2滴每秒，当系统达到稳定时，记录压力和温度。

蒸馏结束后，先移开热源，然后旋开毛细管上的螺旋夹，再慢慢打开安全瓶上的活塞，最后将数字式真空压力计与蒸馏系统断开，此时再让泵抽气1~3min。

3. 量取产品体积，计算产率。

五、注意事项

(1)毛细管离圆底烧瓶底部1~2mm，安装时要特别小心，以免折断毛细管。

(2)温度计放置的位置，水银球上端与克氏蒸馏头支管下端齐平。

(3)冷凝水进出，下进上出。

(4)接引管要带有支管，与抽气系统相连。

(5)接收器可用圆底烧瓶，吸滤瓶等耐压容器，但不能用锥形瓶。

(6)蒸馏装置部分所有磨口处适当地涂上一点真空脂或凡士林。

◎ 思考题

1. 有机化合物的沸点与压力有何关系？减压蒸馏有什么作用？
2. 蒸馏结束后，先移开热源，为什么要慢慢打开安全瓶上的活塞？
3. 克氏蒸馏头上安装毛细管有何作用？
4. 蒸馏结束，真空泵与蒸馏系统断开后，为什么还要让泵抽气1~3min？

实验6　升华法提取茶叶咖啡因

一、实验目的

(1)了解并掌握如何利用升华纯化固体产物的方法和原理；

(2)了解从茶叶中提取咖啡因的原理和方法，并学会从天然产物中分离纯化有用成分的方法；

(3)掌握升华原理及其操作。

二、实验原理

咖啡因具有刺激心脏、兴奋大脑神经和利尿等作用，主要用作中枢神经兴奋药。它也是复方阿司匹林(A. P. C)等药物的组分之一，现代制药工业多用合成方法来制得咖啡因。

咖啡因为嘌呤的衍生物，其化学名称为1，3，7-三甲基-2，6-二氧嘌呤，其结构式与茶碱、可可碱类似。

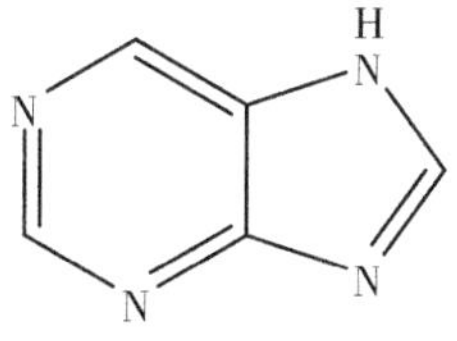

嘌呤(Purine) 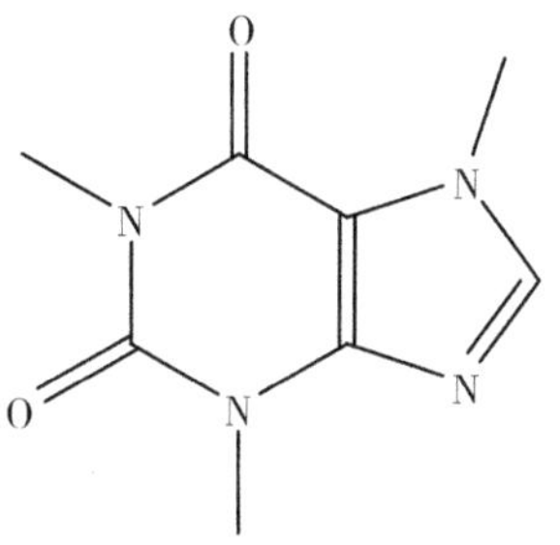　　　　咖啡因(Caffeine)

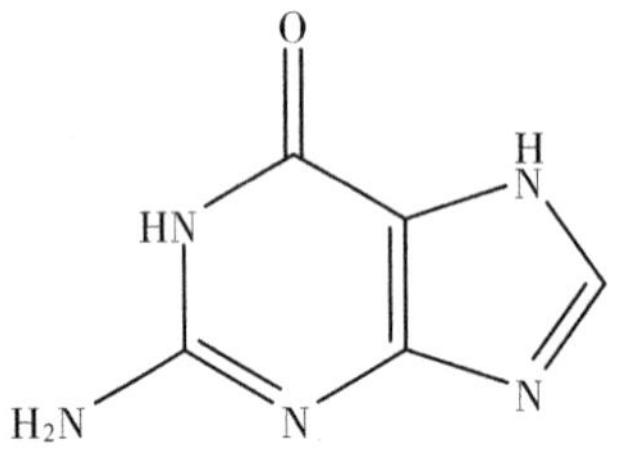

茶碱(Guanine) 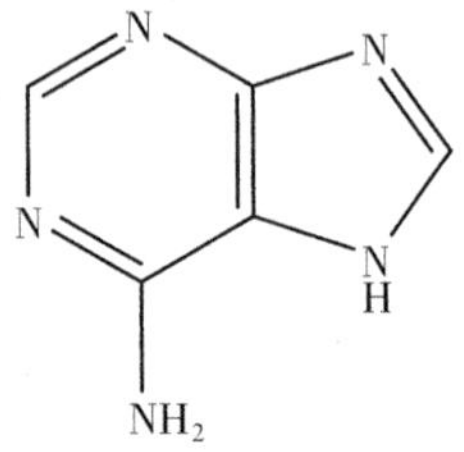　　　　可可碱(Adenine)

纯品咖啡因为白色针状结晶体，无臭，味苦，易溶于水、乙醇、氯仿、丙酮，微溶于石油醚，难溶于苯和乙醚。它是弱碱性物质，水溶液对石蕊试纸呈中性反应。咖啡因在100℃时即失去结晶水，并开始升华，120℃时升华相当显著，至178℃时升华很快。无水咖啡因的熔点为234.5℃。

茶叶中含有多种生物碱，其主要成分为1%~5%的咖啡因，并含有少量茶碱和可可豆碱，以及11%~12%的单宁酸(又名鞣酸)，还有约0.6%的色素、纤维素和蛋白质等。

升华是纯化固体有机物的方法之一。某些物质在固态时有相当高的蒸气压，当加热时不经过液态而直接气化，蒸气遇冷则凝结成固体，这个过程叫作升华。升华得到的产品有较高的纯度，这种方法特别适用于纯化易潮解或与溶剂起分解反应的物质。利用升华可除去难挥发性杂质或分离具有不同挥发性的固体混合物。升华常可得到较高纯度的产物，但操作时间长，损失也较大。

本实验采用直接升华法提取茶叶中的咖啡因，直接升华法是将茶叶碎末于容器中直接加热到110~160℃，咖啡因升华，经冷却、收集结晶，得到纯品。

三、仪器、装置与材料

1. 仪器与装置

蒸发皿、酒精灯、三脚架、玻璃棒、托盘天平、石棉网、滤纸、棉花、研钵、研杵等。装置如图2-3所示。

2. 材料

生石灰粉、茶叶。

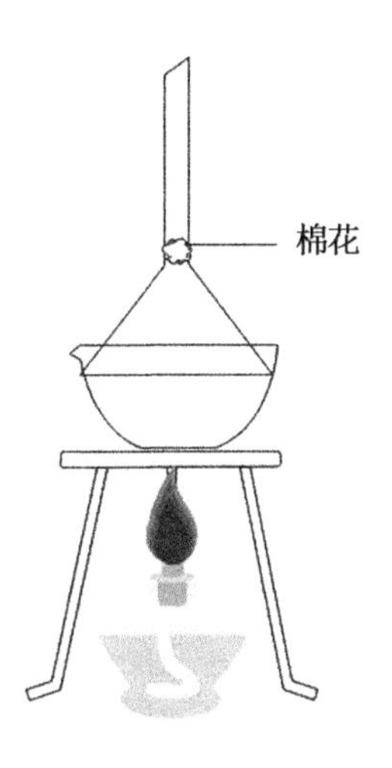

图 2-3　常压升华装置

四、实验步骤

1. 称取药品、安装装置

在三脚架或铁架台的铁圈上放上石棉网，称取 10g 茶叶、3.5g 生石灰混合研成粉末，置于一蒸发皿，放在石棉网上。

2. 除水

酒精灯上小火焙炒至浅黄色，以使水分全部除去，冷却后将沾在蒸发皿边上的粉末用滤纸擦去，以免升华时污染产物。

3. 升华

在蒸发皿上面覆盖一张刺有许多小孔(用大头针扎孔)的滤纸，孔刺朝下，然后将大小合适的玻璃漏斗罩在上面，漏斗的颈部塞一点棉花，减少蒸气逃逸。装置如图 2-3 所示，在石棉网上用酒精灯小火加热升华。产生的蒸气会通过滤纸小孔上升，冷却后凝结在滤纸孔上或漏斗壁上。当观察到纸孔上出现白色毛状结晶时，停止加热，让其自行冷却，必要时漏斗外壁可用湿布冷却。

4. 收集产品、计算产率

当漏斗中观察不到蒸气时，方可揭开漏斗和滤纸，仔细地把附着在纸上及器皿周围的咖啡因刮下，收集，称重，计算产率。

五、注意事项

(1)生石灰的作用除吸水外，还可中和除去部分酸性杂质(如鞣酸)，拌入生石灰要均匀，研磨要仔细、混匀。

(2)本实验的关键是升华，升华过程中要控制好温度。一定要小火加热，慢慢升温，最好是酒精灯的火焰尖刚好接触石棉网，徐徐加热 10~15min。如果火焰太大，加热太快，滤纸和咖啡因都会炭化变黑，会使产物发黄(分解)。如果火焰太小，升温太慢，同等时间内一部分咖啡因还没有升华，影响产率。

(3)刮下咖啡因时，要小心操作，防止混入杂质。

◎ 思考题

1. 升华方法适用于哪些物质的纯化？如何改进升华的实验方法？
2. 加入生石灰粉的作用是什么？

实验 7 水蒸气蒸馏提取生姜挥发油

一、实验目的

(1)学习香料知识，了解提取天然香料的实验方法；
(2)掌握水蒸气蒸馏的原理及装置的安装；
(3)了解影响出油率的因素。

二、实验原理

芳香成分多数具有挥发性，可以随水蒸气逸出，而且冷凝后因其水溶性很低而易与水分离。因此水蒸气蒸馏是提取植物天然香料应用最广的方法之一，但由于提取温度较高，某些芳香成分可能被破坏，香气或多或少地受到影响，所以由水蒸气蒸馏所得到的香料其留香性和抗氧化性一般较差。

三、仪器与装置、试剂与材料

1. 仪器与装置

托盘天平、小刀、250mL 圆底烧瓶、恒压滴液漏斗、回流冷凝管、电加热套、锥形瓶等。装置如图 2-4 所示。

2. 试剂与材料

试剂：蒸馏水、无水硫酸镁等。材料：生姜、沸石。

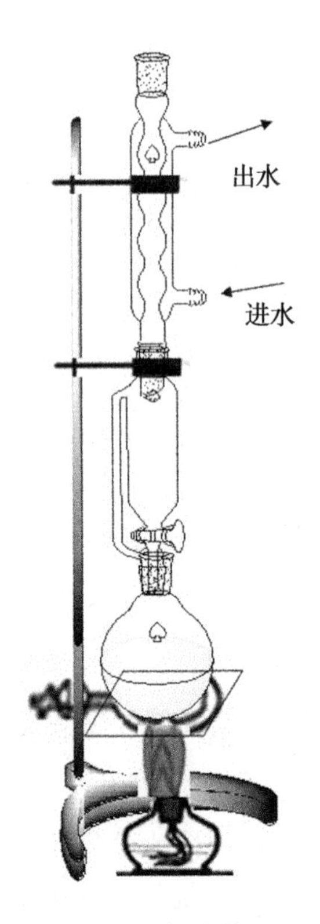

图 2-4　提取装置

四、实验步骤

1. 提取

称取生姜 50g，洗净后先切成薄片，再切成小颗粒，加入 250mL 圆底烧瓶中，加水 100mL 和沸石 2~3 粒，在烧瓶上装上恒压滴液漏斗，漏斗上接回流冷凝管。将漏斗下端旋塞关闭，采用电加热套加热使烧瓶内的水保持较猛烈地沸腾，水蒸气夹带着姜油蒸气沿着恒压漏斗的侧管上升进入冷凝管。从冷凝管回流下来的水和姜油落下，被收集在恒压滴液漏斗中，冷凝液在漏斗中分离成油、水两相。每隔适当的时间将漏斗下端旋塞拧开，把下层的水排入烧瓶中，姜油则留在漏斗中。如此重复操作多次，经 2~3h 后，降温，将漏斗内下层的水尽量分离出来，余下的姜油则作为产物移入干燥的锥形瓶中。

2. 干燥

在锥形瓶中，加入1g无水硫酸镁，盖上塞子，充分振摇后，放置15min。收集产品，称重，计算出油率，保存产品。

五、注意事项

(1)姜粒不要加入过多，以免沸腾时姜粒堵塞回流冷凝管颈。

(2)提取前应该检查恒压滴液漏斗是否漏水，活塞处涂上少量凡士林。提取过程中不时地旋转活塞，以免加热过久后难以开启。

◎ 思考题

1. 姜油的主要成分是什么？有哪些主要用途？
2. 水蒸气蒸馏提取的原理是什么？该法适用于哪些物质的分离提取？
3. 影响出油率的因素有哪些？
4. 怎样判断姜油产品已经干燥好了？

第三部分　萃取分离法

经典萃取是使溶液与另一种不相混溶的溶剂密切接触，让溶液中的某种或几种溶质进入溶剂中，从而使它们与溶液中的其他干扰组分分离的过程。萃取分离在很早就应用于分析中。近年来，基于科学技术的发展，又衍生出超临界萃取、双水相萃取、反胶团萃取、微波协助萃取、超声波协助萃取、酶法协助萃取、内部沸腾法协助萃取等多项新型萃取分离技术，使得萃取方法可分离的对象更广，从无机物到有机物、生物活性物质等，萃取选择性更高，提取效率更高，速度更快。完全萃取是将一个样品中的某个或某类成分全部萃取出来，这种萃取常称为提取，如从中药材中提取有效成分等。此部分共选编了8个实验。实验8：液液萃取分离碘，主要是让学生掌握经典的液液萃取的原理和操作，熟练掌握分液漏斗的使用和保养。实验9：溶剂回流法提取茶叶中的茶多酚，让学生熟悉溶剂提取的原理，了解影响提取效果的因素。实验10：超声波法提取橘皮色素，主要是为了让学生熟悉超声波提取植物成分的原理和操作方法。实验11：微波法提取柑橘类果皮渣多糖，让学生熟悉微波法提取植物成分的原理，掌握微波提取植物成分的操作要领和方法及微波提取的注意事项。实验12：酶法提取金银花多糖，让学生掌握酶法提取的原理、特点及操作要领。实验13：内部沸腾法提取葡萄皮花色苷，让学生掌握内部沸腾法提取的原理、特点及操作要领。实验14：双水相提取柠檬籽苦素，让学生掌握双水相提取的原理、特点，了解影响双水相提取的因素，掌握双水相提取的适用范围。实验15：索氏提取花生粗油脂，让学生掌握索氏提取器的组成，掌握索氏提取器的原理、特点及操作方法。

实验 8　液液萃取分离碘

一、实验目的

(1)掌握液液萃取的原理；
(2)练习萃取、过滤的操作；
(3)熟悉分液漏斗的使用和保养。

二、实验原理

液液萃取是利用某种物质在两种互不相溶的溶剂中溶解度的差异性，进行分离的过程。溶质一般是从溶解度小的溶剂向溶解度大的溶剂运动。在实验室中用分液漏斗进行萃取分离。

海带中含有丰富的碘元素，碘元素在其中主要的存在形式为化合态，如KI和NaI。灼烧海带，使碘离子能较完全地转移到水溶液中。由于碘离子具有较强的还原性，可被一些氧化剂氧化生成碘单质。例如：$H_2O_2+2H^++2I^- \xlongequal{} I_2+2H_2O$，生成的碘单质在四氯化碳中的溶解度大约是在水中溶解度的85倍，且四氯化碳与水互不相溶，因此可用四氯化碳把生成的碘单质从水溶液中萃取出来。

三、仪器、试剂与材料

1. 仪器

托盘天平、坩埚、酒精灯、铁架台、小烧杯、分液漏斗、玻璃棒等。

2. 试剂与材料

乙醇、硫酸、H_2O_2、淀粉溶液、干海带。

四、实验步骤

1. 灼烧

称取10g干海带，用少量乙醇润湿后放于坩埚中并盖上坩埚盖，加热灼烧成灰。

2. 转移、溶解

将海带灰转移到小烧杯中，向烧杯中加入30mL蒸馏水，搅拌，煮沸2～3min，过滤，加水要适量。

3. 氧化

向滤液中滴加几滴硫酸，再加入约3mL H_2O_2溶液，应观察到溶液由无色变为棕褐色。

4. 检验

取少量上述滤液，滴加几滴淀粉溶液，观察现象，溶液应变为蓝色，表明有碘单质。

5. 萃取

将滤液放入分液漏斗中，再加入3mL CCl_4，振荡，静置。CCl_4层为紫红色，水层基本无色，分液。

五、注意事项

(1)灼烧时盖上坩埚盖，防止海带飞溅出来。

(2)萃取实验中，要使碘尽可能全部转移到CCl_4中，应加入适量的萃取剂，可以采取多次萃取的方法。

(3)如果用其他氧化剂(如浓硫酸、氯水、溴水等)，要做后处理，如溶液的酸碱度即 pH 值的调节，中和酸性到基本中性。当选用浓硫酸氧化 I^- 离子时，先取浸出碘的少量滤液放入试管中，加入浓硫酸，再加入淀粉溶液，如观察到变蓝，可以判断碘离子氧化为碘。

◎ 思考题

1. 液液萃取的原理是什么？
2. 分液漏斗的各部件能否互换使用？
3. 怎样使用和保养分液漏斗？

实验 9　溶剂回流法提取茶叶中的茶多酚

一、实验目的

(1)熟悉溶剂提取法提取植物成分的原理和方法；
(2)掌握从茶叶或茶叶下脚料中提取茶多酚的方法；
(3)进一步熟悉萃取的操作要领和方法。

二、实验原理

茶多酚是一种新型的天然抗氧化剂，具有保鲜防腐、无毒副作用、食用安全等特点。茶多酚有明显的抗衰老，消除人体过剩的自由基，去脂减肥，降低血糖、血脂和胆固醇，预防心血管疾病，抑制肿瘤细胞等药理功能，在食品、医药、日用化工等领域具有重要的应用。

茶多酚粗品的提取方法主要有：溶剂萃取法、离子沉淀法、树脂吸附分离法、超临界流体萃取法、超声波浸提法、微波浸提法等。茶多酚易溶于水，更易溶于乙酸乙酯，因此本实验采用水为提取溶剂，采用乙酸乙酯为萃取溶剂，对茶叶当中的茶多酚进行提取分离。

三、仪器与装置、试剂与材料

1. 仪器与装置

托盘天平、剪刀、研钵、大烧杯、酒精灯、石棉网、玻璃棒、冷凝管、铁架台、减压蒸馏装置等。

2. 试剂与材料

乙酸乙酯、蒸馏水、无水硫酸钠、茶叶。

四、实验步骤

1. 回流提取

将15g干茶叶粉碎(粉碎的目的是增大茶叶与液体的接触面，使提取率增高)装入250mL圆底烧瓶，加入100mL蒸馏水，90℃的近沸水浴中搅拌、回流、浸提40min，冷却，过滤。

2. 萃取

先后用50mL的乙酸乙酯萃取两次，合并两次有机相，再用无水硫酸钠干燥。

3. 蒸馏

减压蒸馏(真空干燥)除去乙酸乙酯溶剂，得黄色粉末状茶多酚，称量(约为0.15g，提取率约为1%)。

五、注意事项

(1)由于试验条件的限制，可用剪刀代替粉碎机，将干茶叶剪碎，并且用研钵研细。

(2)如没有回流装置，可以在烧杯中敞开浸提，但由于水分会挥发，注意适时补充水。

◎ 思考题

1. 茶多酚有哪些性质和用途?
2. 影响茶多酚浸出的因素有哪些?

实验 10　超声波法提取橘皮色素

一、实验目的

(1)熟悉超声波提取植物成分的原理；

(2)掌握超声波提取植物成分的操作要领和方法。

二、实验原理

橘皮色素是一类重要的天然色素，具有良好的营养和保健作用，可替代合成色素而广泛应用于食品、饮料等行业中。橘皮色素为水溶性色素和脂溶性色素的混合物，50%的乙醇可将橘皮中的水溶性色素和脂溶性色素按照一定比例最大程度提取出来。

超声波是一种频率大于 20kHz 的电磁波，是人耳听觉阈以外的声波。利用超声波的“空化效应”、“机械作用”和“热效应”有效地破碎植物的细胞壁，使溶媒的分子运动，加速有效成分溶入提取溶媒中，此为超声波提取法。超声波的空化作用使固体样品分散，增大样品与提取溶剂之间的接触面积，超声波的次级效应如机械振动、热效应、乳化、化学效应等可以促进橘皮粉与提取溶剂的充分混合，超声波的粉碎、搅拌等特殊作用还可打破植物细胞壁，加速有效成分的溶出。

三、仪器、试剂与材料

1. 仪器

超声波提取器(超声波清洗机)、粉碎机、托盘天平、标准筛、蒸馏烧瓶、温度计、直型冷凝管、接引管、锥形瓶、量筒、三角瓶、抽滤装置、真空干燥箱。

2. 试剂与材料

乙醇、橘皮(市售柑橘，取皮)。

四、实验步骤

1. 提取

新鲜橘皮洗净于60℃下烘干至恒重，粉碎，过筛，取粒径为40~60目的橘皮粉为实验原料。准确称取10g橘皮粉于三角瓶中，加入50mL水和50mL无水乙醇，置于超声波提取器中，装好装置。超声波频率设为40kHz，温度控制在60℃，超声波浸提30min，真空抽滤，残渣再提取1次，合并2次浸提液。

2. 减压浓缩

浸提液于60℃下减压浓缩，将浸提液中的大部分乙醇蒸馏回收。浓缩至剩余液只有原液10%左右时，停止浓缩，冷却至常温。

3. 真空干燥

将深红色剩余物移至真空干燥箱内，在60℃下真空干燥去除残留乙醇和水分等，得到的红黑色粉末即为橘皮色素，称重(约0.5g)，然后根据色素量及原料用量计算提取率。

五、注意事项

高温有利于加速分子运动，加速有效成分的提取，但是温度过高，会使提取出的色素分解，从而降低了提取色素实际得率。因此，在操作过程中要注意控制温度。

◎ 思考题

1. 影响橘皮色素浸出的因素有哪些？

2. 根据橘皮色素的性质，你认为还可以采用哪些溶剂提取橘皮色素，并说明各自的优缺点。

◎ 附：KQ-100DE 型数控超声波清洗机简介

一、基本结构

超声波清洗机(图 3-1)主要由超声波清洗槽和超声波发生器两部分构成。超声波清洗槽用坚固、弹性好、耐腐蚀的优质不锈钢制成，底部安装有超声波换能器振子；超声波发生器产生高频高压，通过电缆连接线传导给换能器，换能器与振动板一起产生高频共振。

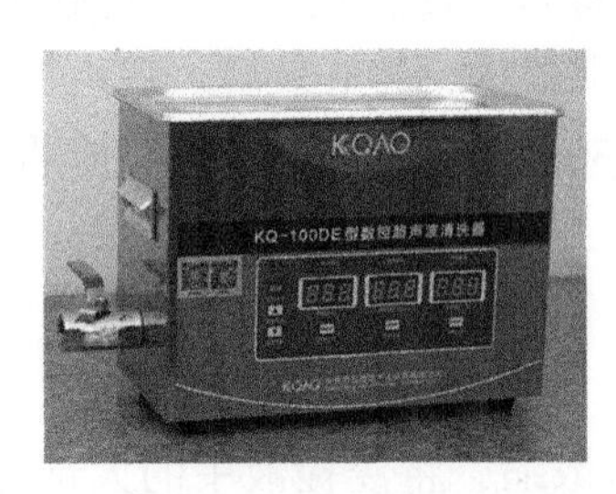

图 3-1　KQ-100DE 型数控超声波清洗机

二、使用方法

超声波清洗机是利用超声波换能器发出的交频振荡波，强力的超声波以疏密相间的形式向物料冲击，由于“空化效应”、“机械效应”和“热效应”加速有效成分提取及物料均匀化。

使用前，往超声波清洗机内加入适量的水，注意水面不能超过最高水位警戒线，但水也不能太少，一般要高于容器内被作用物料的液面。当准备好物料后进行安装装置，注意装物料的容器处于水中，但不要接触超声波清洗机的底部和四周内壁。接通电源，调节面板上的 4 个按钮，可以分别控制温度、时间、超声波频率、超声波功率。使用完后，切断电源，将超声波清洗机内部的水从左下方水阀放出，保持内部清洁。

实验 11　微波法提取柑橘类果皮渣多糖

一、实验目的

(1)熟悉微波法提取植物成分的原理；

(2)掌握微波提取植物成分的操作要领和方法；

(3)熟悉微波提取的注意事项。

二、实验原理

多糖是指 10 个以上单糖分子通过糖苷键连接的高分子聚合物，可以包括几百甚至几千个单糖分子，在多糖结构中除单糖外，有时还含糖醛酸、氨基糖和糖醇等。多糖广泛存在于自然界中的动物、植物、微生物和海洋生物等机体内，既是生物体的贮能物质，也是生物体的结构物质，还参与多种重要的生命活动。多糖除了具有抗病毒、抗衰老、降血糖、刺激造血等作用外，还有免疫调节与抗肿瘤的生物学功效，且对机体的毒副作用小。植物多糖种类繁多，常用的提取方法有水提醇沉法、酸浸提法、碱浸提法、冻融法等。

作为一种电磁波，微波具有吸收性、穿透性、反射性，即可以被极性物质选择性吸收而被加热；不为玻璃、陶瓷等非极性物质吸收，具有穿透性；而金属可反射微波。极性分子在微波场中快速转动，通过碰撞和摩擦迅速产热。传统的加热方式是从物料外部到内部通过热传递加热，而微波使物料内外同时被加热。在微波场中，吸收微波能力的差异使得基体物质的某些区域或萃取体系中的某些组分被选择性加热，从而使得被萃取物质从基体或体系中分离，进入到介电常数较小、微波吸收能力相对差的萃取剂中；微波萃取具有设备简单、适用范围广、萃取效率高、重现性好、节省时间、节省试剂、污染小等特点。

三、仪器、试剂与材料

1. 仪器

微波提取仪、中药粉碎机、托盘天平、标准筛、蒸馏瓶、温度计、直型冷凝管、接引管、锥形瓶、量筒、三角瓶、抽滤装置、真空干燥箱。

2. 试剂与材料

试剂：复合磷酸盐溶液（2% Na_3PO_4、0.9% Na_2HPO_4、0.3%焦磷酸钠和0.6%六偏磷酸钠组成）、乙醇、去离子水。材料：橘皮（市售柑橘，取皮）。

四、实验步骤

1. 提取

新鲜橘皮洗净于60℃下烘干至恒重，粉碎，过筛，取粒径为40~60目的橘皮粉为实验原料。准确称取5g橘皮粉于圆底烧瓶中，加入100mL复合磷酸盐溶液浸泡30min，置于微波提取仪中，装好装置。在功率为400 W下，微波处理3min，趁热2层纱布过滤，残渣用50mL复合磷酸盐溶液再提取1次。合并2次浸提液。

2. 沉淀

提取液于水浴上蒸汽浓缩至原来体积的1/2，用100mL的无水乙醇沉淀，减压过滤，少量无水乙醇洗涤色素等杂质，得多糖湿品。

3. 干燥称重

将上述多糖转移至表面皿，60℃下真空干燥、粉碎得产品，称重，计算提取率。

五、注意事项

(1)提取过程中不要打开炉门，防止微波泄漏。

(2)不要随意空载启动微波发生器，会损坏仪器。

(3)微波炉内不得使用金属容器，否则减弱加热效果，甚至损坏磁控管。

(4)辐射时间不能太长，防止起火。

(5)一旦炉内起火，请勿打开炉门，应该立即关闭电源。

(6)如果微波提取仪跌落，引起门或外壳损坏，应立即维修，否则造成微波外泄。

(7)勿将普通的水银温度计放入炉内测温，会损坏。

◎ 思考题

1. 分析本实验所得多糖产品中还可能存在的杂质。
2. 分析影响提取率的因素。
3. 微波法提取与溶剂回流提取相比有哪些突出的优点？

◎ 附：UWave-1000 微波-紫外-超声波三位一体合成萃取反应仪简介

一、功能简介

UWave-1000 微波-紫外-超声波三位一体合成萃取反应仪(图 3-2)集微波能、紫外光和超声波三种能量于一体，并能随意组合叠加与调节的多功能新型合成萃取反应仪。这款仪器不仅能适应各种分析化学的应用，更能在萃取与合成领域达到单个能量源作用所无法企及的协同效果。

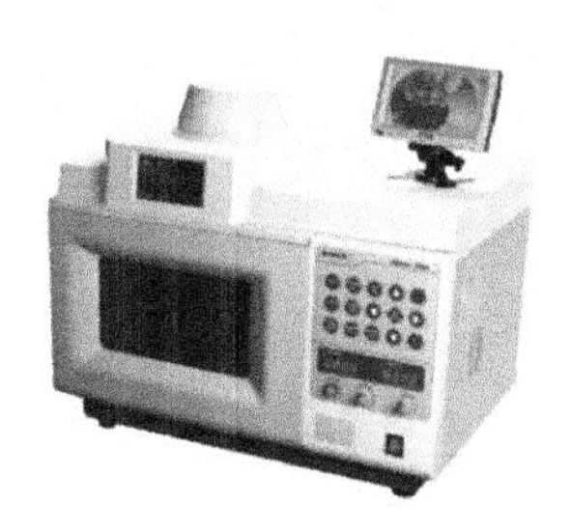

图 3-2　UWave-1000 微波-紫外-超声波三位一体合成萃取反应仪

二、性能特点

(1)微波功率随反应温度自动变频控制，非脉冲连续微波加热方式，设有温度控制和功率控制两种工作模式；

(2)浸入式超声波换能器，超声波功率连续可调；

(3)微波、超声波、紫外辐照三种功能可任意组合或单独使用，切换方便；

(4)红外和铂电阻两种温度测量方式，适应各种不同的反应容器与介质；

(5)机械与磁力两种搅拌方式，搅拌速度无级可调并实时显示；

(6)产品随机配备冷凝，回流，补液及惰性保护气体接入口等装置；

(7)双页面荧光显示，实时显示反应参数与反应温度变化曲线；

(8)TFT 彩色液晶显示与摄录系统，实时观察与掌握容器内的反应过程与状况。

三、使用方法(微波提取)

(1)按要求取原料、提取溶剂等于专用的圆底烧瓶中，于仪器内部和仪器上安装回流装置。

(2)设置实验方案。微波功率自动变化范围：0～1000 W。温度控制模式下，设定反应体系最终温度和持续时间，功率随反应温度自动调节；功率控制模式下，设定功率和持续时间，功率固定在设定功率下工作。设好实验方案后可以保存，以便下次直接调用。方案确定后，按运行，仪器开始工作，直到满足设定的条件后停止工作。

(3)实验结束后及时清洗反应瓶，清理萃取合成仪内部，保持内部清洁。

实验 12　酶法提取金银花多糖

一、实验目的

(1)掌握酶法提取的原理和操作要领；
(2)了解影响酶法提取的因素；
(3)掌握酶法提取的特点。

二、实验原理

大多数中药为植物性中草药，中药材中的有效成分多存在于植物细胞的细胞质中。在中药提取过程中，溶剂需要克服来自细胞壁及细胞间质的传质阻力。细胞壁是由纤维素、半纤维素、果胶质等物质构成的致密结构，选用合适的酶(如纤维素酶、半纤维素酶、果胶酶)对中药材进行预处理，能分解构成细胞壁的纤维素、半纤维素及果胶，从而破坏细胞壁的结构，产生局部的坍塌、溶解、疏松，减少溶剂提取时来自细胞壁和细胞间质的阻力，加快有效成分溶出细胞的速率，提高提取效率，缩短提取时间。而且，在中药提取中酶法可作用于目标产物，改善目标产物的理化性质，提高其在提取溶剂中的溶解度，减少溶剂的用量，降低成本；也可改善目标产物的生理生化功能，从而提高其效用。酶法提取具有以下特点：①反应条件温和，产物不易变性；②提高提取率，缩短提取时间；③降低成本，环保节能；④优化有效组分；⑤工艺简单可行。

三、仪器、试剂与材料

1. 仪器

数显恒温水浴锅、紫外-可见分光光度计、离心机、电子分析天平、锥形瓶、容量瓶等。

2. 试剂与材料

试剂：纤维素酶(活力单位约 1000 U/g)、浓硫酸、苯酚、D-Glucose 葡萄糖(分析纯 AR)、去离子水。材料：金银花。

四、实验步骤

1. 标准曲线的制作

(1)溶液的配置：

①葡萄糖标准溶液：用电子分析天平精密称取 0.0810g 葡萄糖，溶解并定容至 50mL 容量瓶中，摇匀，得葡萄糖标准溶液。

②5%苯酚溶液：用电子分析天平称取 2.5000g 苯酚于 50mL 烧杯中溶解，并定容至 50mL 容量瓶中，配制得到 5%的苯酚溶液。

(2)标准曲线的制作：用移液管分别精密移取 0mL、0.4mL、0.6mL、0.8mL 和 1.0mL 葡萄糖标准溶液于 5 个 25mL 比色管中，再分别移取 2mL、1.6mL、1.4mL、1.2mL 和 1mL 去离子水稀释至 2.0mL，再加 5%苯酚溶液 1mL，快速加入浓硫酸 5mL，迅速摇匀，静置 20min 冷却至室温，以去离子水为空白，在波长为 490nm 处测定吸光度 A，以葡萄糖质量浓度 C 为横坐标，以吸光度 A 为纵坐标，绘制出一条标准曲线，拟合得标准曲线方程。

2. 金银花多糖的提取

称取 1g 40~60 目的金银花粉末于 100mL 锥形瓶中，用 35mL 去离子水为提取溶剂，加入 0.30% 的纤维素酶，在 50℃ 下，酶解提取 50min 后，先 5000r/min离心 10min，过滤得提取液，用去离子水定容至 50mL 得待测溶液。

移液管精密移取 1mL 待测液，按上述方法显色后测定吸光度，根据标准曲线换算出多糖含量，计算提取率。

五、注意事项

(1)提取过程中注意温度的控制，温度太低，酶的活性不能得到完全发挥，影响提取效果；温度太高，酶有可能产生不可逆变性而失活影响提取效果。

(2)可以不离心直接过滤，但过滤时间较长。

(3)绘制标准曲线时注意试剂的纯度，否则可能得到不合理的结果。

◎ 思考题

1. 分析本实验所得多糖产品中还可能存在的杂质。

2. 分析影响提取率的因素，简要说明温度控制的重要性。

3. 酶法提取与超声波法、微波法、溶剂回流提取等相比，有哪些突出的优点？

◎ 附 1：AE240 电子分析天平简介

一、基本结构

AE240 电子分析天平(图 3-3)由天平主机和玻璃防风罩组成。电子天平具有直接读数、显示清晰、快速称量、去皮、消除视差、操作简便、抗干扰等许多特点。

图 3-3　AE240 电子分析天平

二、使用方法

1. 环境条件

环境温度范围：0～50℃；最大相对湿度范围：45%～65% RH；电压220V，频率50 Hz。

2. 适用范围

供实验室称量试剂、试药、药品等。

3. 操作步骤

使用前，调整水平调节螺丝，使气泡位于水平显示器中的圆圈的正中央。按下控制杆，直至显示0.0000。校准天平：首先移走秤盘中的所有物品，关闭所有挡风窗，至少通电60min以上进行校准。按住控制杆，天平显示出CAL的字样，立即松手，依次显示“CAL---、CAL100（100字样为闪烁）”，慢慢地将校准杆移到后端，依次显示“CAL---、100.000”，当显示转为“---”，然后是0.0000。转换称量范围：按住控制杆，天平显示“mg”字样，立即松手，再快速按一次，即可选择40g或200g的称量范围。但所需的范围选定之后，显示“---”，闪动几次后显示0.0000（称量范围为200g）或0.0000（称量范围为40g）。

称量。扣除皮重：打开玻璃滑动门，将容器或称量纸放置在秤盘上，关闭玻璃滑动门，即显示其重量，按一次控制杆，天平显示出现0.0000字样，即扣除了容器或称量纸的重量。称量物体重量：打开玻璃滑动门，将所称物品放于容器或称量纸上，关闭玻璃滑动门，即显示所称物品重量。当显示器上绿色圆点消失后，记录称量值。

称量结束后，取下所称物品及容器，按下控制杆显示0.0000。关闭天平：将控制杆轻轻抬起即可。

三、注意事项

接通电源后，天平应预热一段时间，使天平处于热平衡状态后再称。不得用天平称量带有磁性或带静电的物体，不得用称量纸称取强酸、强碱和强腐蚀性的物质。称量样品不得超过该天平标示的最大负荷。称量样品时，要轻拿轻放。称量结束后，要清洁天平。

◎ 附 2：T6 型新世纪紫外-可见分光光度计简介

一、功能简介

T6 型新世纪紫外-可见分光光度计(图 3-4)具有光度测量功能(可用于金属离子和化合物的测定、DNA/蛋白质测定、蔬菜农药残留的测定等)；支持 8 联池的操作，炫彩蓝色 LCD 显示；支持与微型打印机、HP 系列喷墨、激光打印机联机打印光谱图；可与 PC 联机。

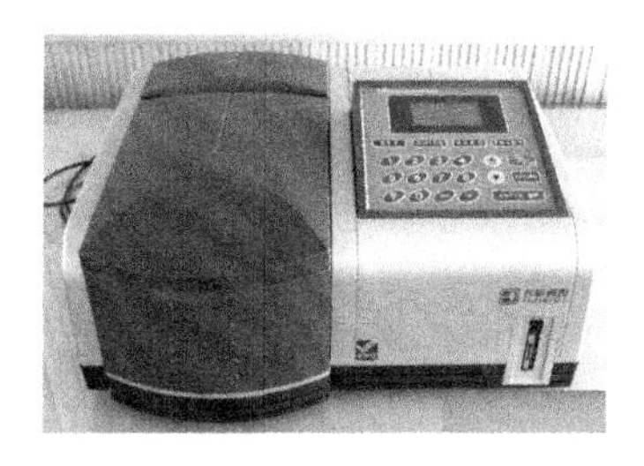

图 3-4　T6 型新世纪紫外-可见分光光度计

二、操作步骤

1. 开机自检

依次打开打印机、仪器主机电源，仪器开始初始化；约 3min 时间初始化完成，初始化完成后仪器进入主菜单界面。

2. 进入光度测量状态

按“ENTER”键进入光度测量主界面。

3. 进入测量界面

按“START/STOP”键进入样品测定界面。

4. 设置测量波长

按"GOTO λ"键，在界面中输入测量的波长，例如需要在460nm测量，输入460，按"ENTER"键确认，仪器将自动调整波长。

5. 进入设置参数

这个步骤中主要设置样品池。按"SET"键进入参数设定界面，按"▼"键使光标移动到"试样设定"。按"ENTER"键确认，进入设定界面。

6. 设定使用样品池个数

按"▼"键使光标移动到"使用样池数"，按"ENTER"键循环选择需要使用的样品池个数(主要根据使用比色皿数量确定，比如使用2个比色皿，则修改为2)。

7. 样品测量

按"RETURN"键返回到参数设定界面，再按"RETURN"键返回到光度测量界面。在1号样品池内放入空白溶液，2号池内放入待测样品。关闭好样品池盖后按"ZERO"键进行空白校正，再按"START/STOP"键进行样品测量。

实验 13　内部沸腾法提取葡萄皮花色苷

一、实验目的

(1)掌握内部沸腾法提取的原理和操作要领；
(2)了解影响内部沸腾法提取的因素；
(3)掌握内部沸腾法提取的特点。

二、实验原理

我国每年产葡萄 140 多万吨，而且还在逐年增加。其中 80%用于酿酒，这样就会产生大量的皮渣等副产物，占葡萄加工量的 25%~30%，其中主要有葡萄皮、果梗、种子等。最初这些皮渣大多被当作肥料、饲料甚至垃圾处理，附加值很低。现在人们逐渐认识到葡萄皮渣中含有多种有益物质，如原花青素、白藜芦醇、花色苷等，这些物质具有较好的医疗保健作用。葡萄花色苷是赋予葡萄与葡萄酒颜色的主要物质，对葡萄与葡萄酒的品质有重要的影响，并具有一定的医疗保健价值，可以称为“色素营养物质”。

内部沸腾法提取首先应用低沸点解吸剂浸泡原料，使之进入原料内部，将原料细胞中的有效成分解吸出来，变成游离态的有效成分溶入细胞内解吸剂中，再加入一定温度的高沸点的提取溶剂使细胞内的解吸剂沸腾气化，冲破细胞壁的阻碍将有效成分带出到细胞外面，加快提取过程。

本实验以葡萄皮为原料，采用内部沸腾法提取葡萄皮中的花色苷。

三、仪器、试剂与材料

1. 仪器

数显恒温水浴锅、紫外-可见分光光度计、电子分析天平、锥形瓶、烧杯、容量瓶等。

2. 试剂与材料

试剂：无水乙醇、去离子水；硫酸铵、氯化钾、无水乙酸钠、盐酸均为分析纯。材料：葡萄皮。

四、实验步骤

1. 花色苷的提取

葡萄皮洗净，60℃粉碎，干燥，过筛。称取5g粉碎过的干葡萄皮渣(60～80目)，加入约10mL的无水乙醇浸泡30min，迅速加入140mL 90℃的近沸热水，浸提5min后过滤得到花色苷提取液。

2. 花色苷的提取率的测定

葡萄皮渣花色苷提取率的测定采用pH示差法。取两份1mL的葡萄皮渣花色苷提取液，分别用pH1.0的氯化钾缓冲溶液和pH4.5的醋酸钠缓冲溶液稀释定容到10mL，稀释液避光静止2h后，分别用分光光度计在520nm和700nm处测其吸光值。花色苷提取率(mg/g)按以下公式进行计算：

$$花色苷提取率(mg/g)=\frac{A\times F\times MW\times V\times 10^3}{\varepsilon\times m}$$

式中，$A=(A_{520}-A_{700})_{pH1.0}-(A_{520}-A_{700})_{pH4.5}$；$F$为稀释倍数；$V$为稀释体积，mL；$m$为样品质量，g；$\varepsilon$取26900，L/(cm·mg)。

五、注意事项

(1)提取过程中注意温度的控制，温度太低，不能引起细胞内部的乙醇产生沸腾，影响提取效果；温度太高，不利于操作。

(2)为便于过滤，可以先进行离心。

◎ 思考题

1. 内部沸腾法加速植物有效成分提取的原理是什么？
2. 分析影响提取率的因素，简要说明温度控制的重要性。

实验 14　双水相提取柠檬籽苦素

一、实验目的

(1)掌握双水相提取的原理及操作要领；
(2)了解影响双水相提取的因素；
(3)掌握双水相提取的特点及适用范围。

二、实验原理

柑橘类水果为我国第三大国际贸易农产品，四川是我国柑橘类水果的主要产地之一，盛产柠檬、柑橘、塔罗科血橙和脐橙等柑橘类水果。内江地区是四川柑橘类水果的主要生产基地之一，四川安岳，早在20世纪二三十年代就开始种植柠檬，被誉为“中国柠檬之乡”。内江现有柠檬种植面积13万亩，其附近的安岳现有柠檬种植面积达23万亩，总产值近18亿元。内江现有饮料制造企业近50家，内江及安岳年加工柑橘类鲜果100余万吨。而柑橘类果皮渣是柑橘类水果加工业的主要副产物，占整个果重的25%~40%，因此内江及安岳每年产生约25万~40万吨的柑橘类果皮渣废弃物。传统的处理方法是将其直接进行丢弃、填埋或小部分加工成饲料，从环境和经济的角度分析，都是不科学、不合理的解决途径，造成了极大的浪费，给当地环境带来了负面影响。柠檬皮渣尤其是柠檬籽中含有柠檬苦素等活性物质，对其合理利用具有较好的经济效益和环境效益。柠檬苦素类化合物是一类三萜类物质，具有明显的抗菌、抗癌和致昆虫不育等作用。

某些亲水性高分子聚合物的水溶液超过一定浓度后可以形成两相，并且在两相中水分均占很大比例，即形成双水相系统(aqueous two-phase system, ATPS)。利用亲水性高分子聚合物的水溶液可形成双水相的性质，Albertsson

于 20 世纪 50 年代后期开发了双水相萃取法(aqueous two-phase extraction),又称双水相分配法。20 世纪 70 年代,科学家又发展了双水相萃取在生物分离过程中的应用,为蛋白质特别是胞内蛋白质的分离和纯化开辟了新的途径。生物分子的分配系数取决于溶质与双水相系统间的各种相互作用,其中主要有静电作用、疏水作用和生物亲和作用。因此,分配系数是各种相互作用的和。目前双水相体系主要有高聚物/高聚物双水相体系、高聚物/无机盐双水相体系、低分子有机物/无机盐双水相体系、表面活性剂双水相体系等。双水相体系具有含水量高(70%~90%)的特点,适宜提取水溶性的蛋白质、酶等生物活性物质,且不易引起蛋白质的变性失活。

本实验利用乙醇-硫酸铵双水相体系提取柠檬籽中的柠檬苦素。

三、仪器、试剂与材料

1. 仪器

HK-04A 型手提式高速粉碎机、BT-323S 型电子分析天平、DF-101S 型集热式恒温加热磁力搅拌器、循环水式多用真空泵、低速台式离心机、紫外-可见分光光度计、其他玻璃仪器等。

2. 试剂与材料

试剂:柠檬苦素标准品,优级纯;对二甲氨基苯甲醛、乙醇、硫酸铵、硫酸、三氯化铁,均为分析纯。材料:柠檬。

四、实验步骤

1. 显色剂及标准溶液的配制

利用硫酸乙醇混合溶液($V_{硫酸}:V_{乙醇}=65:35$)为溶剂配制 1.25mg/mL 的对二甲氨基苯甲醛溶液,即显色剂 A;以水为溶剂,配制 90mg/mL 的三氯化铁溶液,即显色剂 B;使用前先按 100mL 显色剂 A 和 0.05mL 显色剂 B 的比例混合制成显色剂混合溶液。以无水乙醇为溶剂,配制 0.20mg/mL 的柠檬苦素标准溶液。

2. 测定波长的选择

准确移取1.00mL上述标准溶液于10mL比色管中，加入5.00mL显色剂混合溶液，摇匀，用无水乙醇定容，显色30min后，在300~600nm范围进行扫描，出现最大吸收峰处的波长作为检测波长(500nm左右)。

3. 标准曲线的绘制

分别精确移取0.20mg/mL柠檬苦素标准溶液0.50mL、1.00mL、1.50mL、2.00mL和2.50mL于5支带刻度的比色管中，用无水乙醇稀释至10mL，分别加入5.00mL显色剂混合溶液，摇匀，显色30min后，在最大吸收波长处测定其吸光度。以吸光度A为纵坐标，浓度C为横坐标，绘制标准曲线，并求出直线回归方程。

4. 柠檬苦素的提取

称取柠檬籽粉末2.000g于250mL圆底烧瓶中，加入30mL体积分数60%的乙醇溶液，12g硫酸铵。在60℃的温度下，提取1.5h，离心，取上层液体抽滤，对滤液进行减压浓缩，用无水乙醇溶解，转移至25mL容量瓶中，定容，得待测液。

5. 柠檬苦素的测定与提取率的计算

准确移取上述提取液0.5mL至带刻度比色管中，用无水乙醇稀释至25mL，加入5mL显色剂混合溶液，显色30min后，在500nm波长处测定吸光度。根据标准曲线回归方程，得到提取液浓度。柠檬苦素得率按照下式计算：

$$\mathrm{Et}(\%)=\frac{C\times V\times n}{m}\times 100\%$$

式中，Et为提取率,%；C为测得的提取液质量浓度，g/mL；V为提取液体积，mL；n为稀释倍数；m为原料的质量，g。

五、注意事项

(1)硫酸铵的用量一定要准确，用量过多或者过少都会影响提取效果。

(2)显色体系不够稳定，理想的标准曲线较难得到，请大家要有足够的耐心。

(3)绘制标准曲线时注意试剂的纯度，否则可能得到不合理的结果。

(4)双水相萃取主要应用于蛋白质、酶等生物活性物质的提取。

◎ 思考题

1. 分析本实验所得柠檬苦素提取液中还可能存在的杂质。

2. 分析影响提取率的因素，简要说明温度控制的重要性。

3. 双水相提取的原理是什么？与超声波法、微波法、溶剂回流提取等相比，有哪些突出的优点和适用范围？

实验 15　索氏提取花生粗油脂

一、实验目的

(1)了解油脂提取的原理和方法；

(2)掌握索氏提取器的组成；

(3)掌握索氏提取器的操作方法。

二、实验原理

油脂是动植物细胞的重要组成部分，其含量高低是油料作物品质的重要标志。油脂是高级脂肪酸甘油酯的混合物，其种类繁多，均可溶于乙醚、苯、石油醚、汽油等脂溶性有机溶剂。脂类不溶于水，易溶于有机溶剂。测定脂类大多采用低沸点的有机溶剂萃取的方法，其中乙醚溶解脂肪的能力强，应用最多。乙醚有一定的极性，但不如乙醇、甲醇、水等极性强；但它沸点低(34.6℃)，易燃，且可含约2%的水分，含水乙醚会同时抽出糖分等非脂成分，所以使用时，必须采用无水乙醚作提取溶剂，且要求样品无水分。石油醚溶解脂肪的能力比乙醚弱，但吸收水分比乙醚少，没有乙醚易燃，使用时允许样品含有微量水分。根据两种溶剂的特点，本实验以石油醚作为提取溶剂，在索氏提取器中进行油脂提取。在提取过程中，一些油脂的色素、游离脂肪酸、磷脂、固体醇蜡等也一并被抽提出来，所以提取物为粗油脂。

组成油脂的脂肪酸中，除硬脂酸、软脂酸等饱和脂肪酸外，还有油酸、亚油酸等不饱和脂肪酸。不饱和脂肪酸的不饱和度可根据与溴或碘的加成作用进行定性或定量测定。

三、仪器与装置、试剂与材料

1. 仪器与装置

索氏提取器、电热套、蒸馏烧瓶、冷凝管、蒸馏头、温度计、托盘天平等。装置如图 3-5 所示。

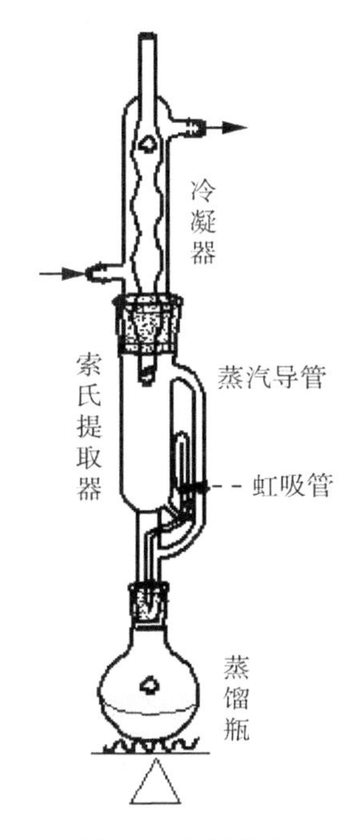

图 3-5　提取装置

2. 试剂与材料

试剂：石油醚、溴的四氯化碳溶液(10%)、牛油(四氯化碳溶液)。材料：花生仁。

四、实验步骤

1. 油脂的提取

将花生仁放于 100～105℃烘箱中烘干 3～4h，冷却至室温，粉碎(颗粒应小于 50 目)。称取 7g 粉碎好的试样，将滤纸做成与索氏提取器大小相应的套袋，然后把试样放入套袋，装入索氏提取器内。在蒸馏烧瓶中加入提取溶剂和沸石，连接好蒸馏烧瓶、索氏提取器、回流冷凝管，接通冷凝水，加热。沸腾后，溶剂的蒸气从烧瓶进到冷凝管中，冷凝后的溶剂回流到套袋中，浸取固体混合物。溶剂在索氏提取器内到达一定的高度时，就携带所提取的物质一同从侧面的虹吸管流入烧瓶中。溶剂就这样在仪器内循环流动，把所要提取的物质集中到下面的烧瓶内。提取完毕，撤去热源，改用蒸馏装置回收石油醚。待温度计读数下降，停止蒸馏，烧瓶内所剩浓缩物便是粗油脂。

2. 干燥

将烧瓶内的粗油脂放在 105±2℃烘箱中烘 30min，冷却后称重，烧瓶增加的质量即为油脂的质量，计算粗油脂的含量。

3. 油脂不饱和度的检验

在 2 支试管中分别加入 10 滴花生油和 10 滴牛油四氯化碳溶液，然后分别逐滴加入溴的四氯化碳溶液，并随时加以震荡，直到溴的颜色褪去为止。记录两者所需要溴的四氯化碳溶液的量，并比较它们的不饱和程度。

五、注意事项

(1) 索氏提取器是利用溶剂回流和虹吸原理，使固体物质连续不断地被纯溶剂所萃取的仪器。溶剂沸腾时，其蒸气通过侧管上升，被冷凝管冷凝成液体，滴入套筒中，浸润固体物质，使之溶于溶剂中，当套筒内溶剂液面超过虹吸管的最高处时，即发生虹吸，流入烧瓶中。通过反复地回流和虹吸，从而将固体物质富集在烧瓶中。索氏提取器为配套仪器，其任一部件损坏将会导致整套仪器的报废，特别是虹吸管极易折断，所以在安装仪器和实验过程中须特别小心。

(2)用滤纸包花生末时要严实，防止花生末漏出堵塞虹吸管；滤纸包大小要合适，既能紧贴套管内壁，又能方便取放，且其高度不能超出虹吸管高度。

◎ 思考题

1. 乙醚作为一种常用的萃取剂，其优缺点是什么？

2. 索氏提取器由哪几部分组成，它根据什么原理进行萃取？
3. 索氏提取法与溶剂回流提取法相比有哪些突出的优点？
4. 动物油和植物油哪种不饱和度大？

第四部分　色谱分离法

色谱分离法，简称层析法，也称色谱法、层离法。色谱法是1906年由俄国植物学家茨维特(M. Tswett)创立的，当时是用于分离色素，混合物被分成不同颜色的区域，即色谱带，所以命名为色谱法(色层法、层析法)。现在的色谱法是指含义更为广泛的分离方法，它利用混合物中各组分的物理化学性质的差异(如吸附作用、分配作用、电离作用等)，当两相做相对运动时，混合物各组分在两相中反复分配达到分离，然后分别测定。这是一种分离与检测相结合的方法。按分离过程的原理分为吸附色谱、分配色谱、离子交换色谱、分子排阻色谱、电色谱等。按固定相的形式分为柱色谱、纸色谱、薄层色谱等多种形式。此部分共选编了4个实验。实验16：柱色谱法分离植物色素，让学生了解柱层析分离的基本原理，掌握柱层析分离的操作技术，通过柱色谱分离操作，加深了解有机物色谱分离鉴定的原理。实验17：纸色谱法分离混合氨基酸，让学生了解纸色谱的固定相、流动相等及基本原理，掌握用纸色谱分离的一般操作及注意事项。实验18：薄层色谱法分离偶氮苯和苏丹Ⅲ，让学生了解薄层色谱的基本原理和应用，掌握薄层板的制作及操作技术。实验19：高效液相色谱法分离苯、甲苯，让学生了解高效液相色谱仪各部分的组成、使用方法及软件操作方法。

实验 16　柱色谱法分离植物色素

一、实验目的

(1)通过绿色植物色素的提取和分离，了解天然物质提取分离方法；
(2)了解柱层析分离的基本原理，掌握柱层析分离的操作技术；
(3)通过柱色谱分离操作，加深了解有机物色谱分离鉴定的原理。

二、实验原理

层析法是一种物理分离方法，柱层析法是层析方法中的一个类型，分为吸附柱层析法和分配柱层析法，本实验仅介绍吸附柱层析法。吸附柱层析法是分离、纯化和鉴定有机物的重要方法之一。它是根据混合物中各组分的分子结构和性质(极性)来选择合适的吸附剂和洗脱剂，从而利用吸附剂对各组分吸附能力的不同及各组分在洗脱剂中的溶解性能不同达到分离的目的。吸附柱层析法通常是在玻璃层析柱中装入比表面积很大、经过活化的多孔性或粉状固体吸附剂(常用的吸附剂有氧化铝、硅胶等)。当混合物溶液流过吸附柱时，各组分同时被吸附在柱的上端，然后从柱顶不断加入溶剂(洗脱剂)洗脱。由于不同化合物的吸附能力不同，从而随着溶剂下移速度的不同，混合物中各组分按吸附剂对它们所吸附的强弱顺序在柱中自上而下形成了若干色带，如图 4-1 所示。

在洗脱过程中，柱中连续不断地发生吸附和溶解的交替现象。被吸附的组分被解吸出来，随着溶剂向下移动，又遇到新的吸附剂颗粒，把组分从溶液中吸附上去，而继续流下的新溶剂又使组分溶解而向下移动。这样经过适当时间移动后，各种组分就可以完全分开，继续用溶剂洗脱，吸附能力最弱的组分随溶剂首先流出，再继续加入溶剂直至各组分依次全部由柱中洗出，分别收集各

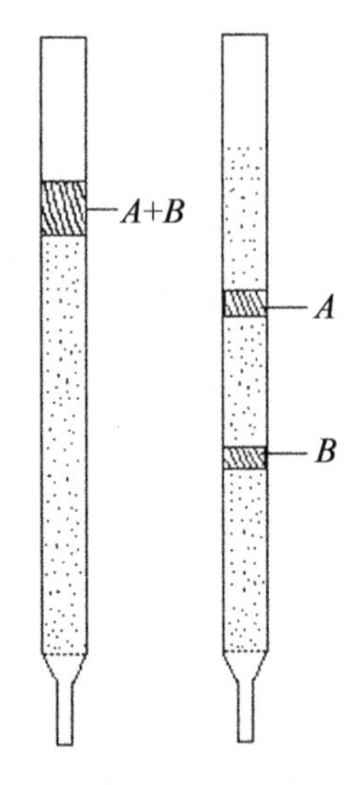

图 4-1　柱色谱示意图

组分。

绿色植物如樟树叶、菠菜叶中的叶绿体含有绿色素(包括叶绿素 a 和叶绿素 b)和黄色素(包括胡萝卜素和叶黄素)两大类天然色素。这两类色素都不溶于水，而溶于有机溶剂，故可用乙醇或丙酮等有机溶剂提取。

叶绿素存在两种结构相似的形式，即叶绿素 a($C_{55}H_{72}O_5N_4Mg$)和叶绿素 b($C_{55}H_{70}O_6N_4Mg$)，其差别仅是叶绿素 a 中一个甲基被甲酰基所取代，从而形成了叶绿素 b。它们都是吡咯衍生物与金属镁的络合物，是植物进行光合作用所必需的催化剂。植物中叶绿素 a 的含量通常是叶绿素 b 的 3 倍。尽管叶绿素分子中含有一些极性基团，但大的烃基结构使它易溶于醚、石油醚等一些非极性溶剂。

胡萝卜素($C_{40}H_{56}$)是具有长链结构的共轭多烯。它有三种异构体，即 α-胡萝卜素、β-胡萝卜素和 γ-胡萝卜素，其中 β-胡萝卜素含量最多，也最重要。在生物体内，β-胡萝卜素受酶催化氧化形成维生素 A。目前 β-胡萝卜素已可进行工业生产，可作为维生素 A 使用，也可作为食品工业中的色素。

叶黄素($C_{40}H_{56}O_2$)是胡萝卜素的羟基衍生物，它在绿叶中的含量通常是胡萝卜素的两倍。与胡萝卜素相比，叶黄素较易溶于醇而在石油醚中溶解度较小。

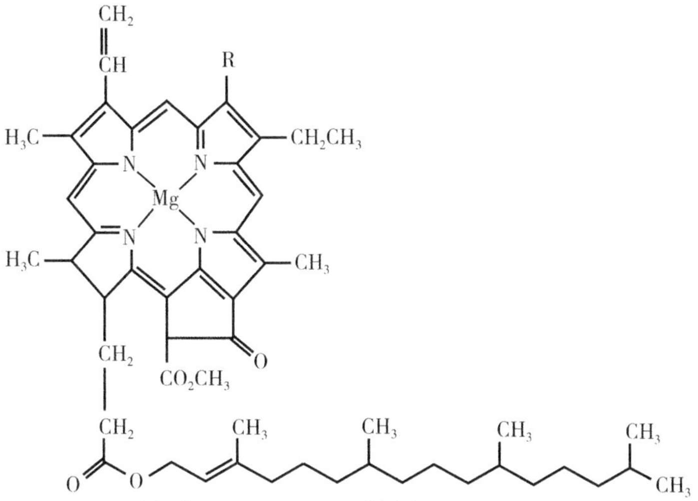

叶绿素 a($R = CH_3$)；叶绿素 b($R = CHO$)

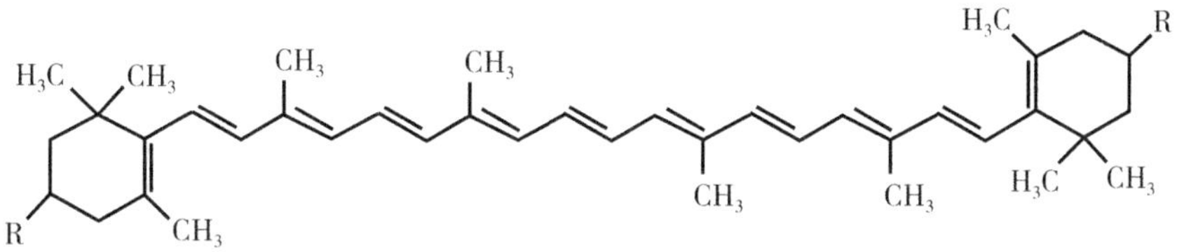

β-胡萝卜素($R = H$)；叶黄素($R = OH$)

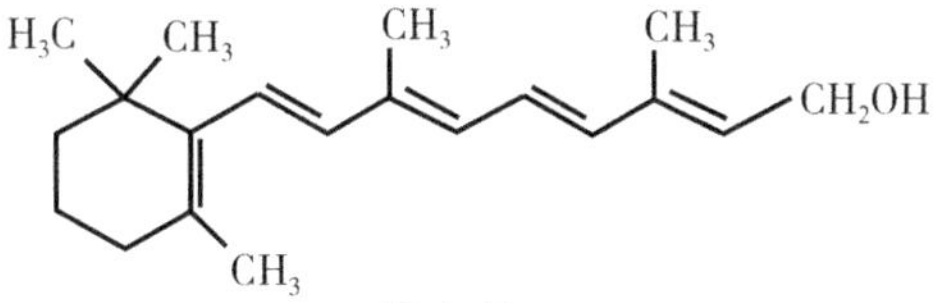

维生素 A

石油醚是一种脂溶性很强的有机溶剂。叶绿体中的四种色素在石油醚中的溶解度是不同的，溶解度高的随层析液在滤纸上扩散得快；溶解度低的随层析液在滤纸上扩散得慢。溶解度最高的是胡萝卜素，它随石油醚在滤纸上扩散得最快，叶黄素和叶绿素 a 的溶解度次之；叶绿素 b 的溶解度最低，扩散得最慢。这样，四种色素就在扩散过程中分离开来。

同样，提取液可用色层分析的原理加以分离。因为吸附剂对不同物质的吸附力不同，当用适当的溶剂推动时，混合物中各成分在两相(流动相和固定相)间具有不同的分配系数，所以它们的移动速度不同，经过一定时间层析后，便将混合色素分离。

本实验是用活性氧化铝作吸附剂，分离菠菜中胡萝卜素、叶黄素、叶绿素 a 和叶绿素 b。

三、仪器、试剂与材料

1. 仪器

研钵、布氏漏斗、圆底烧瓶、直形冷凝管、色谱柱、抽滤瓶、烧杯、铁架台、脱脂棉等。

2. 试剂与材料

试剂：碱性氧化铝、中性氧化铝、甲醇、石油醚(60~90℃)、丙酮、乙酸乙酯。材料：菠菜叶(也可使用其他深色树叶，如樟树等)。

四、实验步骤

1. 菠菜色素的提取

取 2g 新鲜菠菜叶，与 10mL 甲醇拌匀研磨 5min，弃去滤液。残渣用10mL 的石油醚-甲醇(3∶2)混合液进行提取，共提取两次。合并提取液，用水洗后弃去甲醇层，石油醚层进行干燥、浓缩。

2. 柱层析

(1)准备柱子

称取 12g 碱性氧化铝，加入 30mL 石油醚搅拌，浸泡 10min。在层析柱内底部加入一团棉花(棉花要尽量薄)，先加入 0.5cm 高的石英砂，然后用石油醚半充满柱子，再将浸泡好的氧化铝倒入柱内，倒入时应该缓慢，重复使用下面的石油醚，直到装完。用石油醚洗柱内壁，顶部加一小团棉花，最后再加入 0.5cm 高的石英砂。

(2)样品的分离层析

从柱顶部小心地加入浓缩液。加完后打开活塞，让液面下降到柱中砂层，关闭活塞，加几滴石油醚冲洗内壁，打开活塞，使液面下降如前所述，在柱顶小心加入 1.5~2cm 高的石油醚-丙酮(8∶2)洗脱剂，层析即开始进行。当第一个有色成分即将滴出时，另取一洁净的烧杯收集，得黄色溶液，即胡萝卜素。将洗脱剂换成 1∶7 的石油醚-丙酮混合液，继续洗脱可得到第二色带的黄绿色溶液，即叶绿素 a 和叶黄素。

取 3g 中性氧化铝进行湿法装柱。填料装好后，从柱顶加入上述浓缩液，用石油醚-丙酮(9∶1)、石油醚-丙酮(7∶3)和正丁醇-乙醇-水(3∶1∶1)进行洗脱，依次接收各色素带，即得胡萝卜素(橙黄色溶液)、叶黄素(黄色溶液)、叶绿素 a(蓝绿色溶液)以及叶绿素 b(黄绿色溶液)。

五、注意事项

(1)选材时，要注意选取新鲜、颜色深的叶片。

(2)所用丙酮和层析液都是易挥发且有一定毒性的有机溶剂，所以研磨时要快，收集的滤液要用棉塞塞住，层析时要加盖，减少有机溶剂的挥发。

(3)在研磨时加入少许 SiO_2，目的是为了研磨得充分；加入少许 $CaCO_3$ 的目的是为了防止研磨时叶绿体中色素受到破坏；加入丙酮的目的是作为叶绿体中色素的溶剂。

(4)研磨过程中丙酮要少量多次加入，以免研磨时四处飞溅。

(5)过滤时不要使用滤纸而使用棉花，棉花塞在漏斗基部要松紧适当。

(6)叶绿素要避光保存。叶黄素易溶于醇而在石油醚中溶解度较小，从嫩绿菠菜得到的提取液中，叶黄素含量很少，柱色谱中不易分出黄色带。

(7)萃取时不要剧烈振荡，以防止发生乳化现象。

(8)为了保持柱子的均一性，使整个吸附剂浸泡在溶剂或溶液中是必要的，否则当柱中溶剂或溶液流干时，就会使柱身干裂，影响渗透和显色的均一性。因此要保证整个装样过程中溶剂要高于氧化铝的表面。

(9)在吸附剂上端加入脱脂棉(或滤纸)是为了加样品时不会把吸附剂冲起；在吸附柱下端加脱脂棉和沙子，可以防止吸附剂细粒流出。

(10)层析柱填装紧密与否，对分离效果影响很大，若各部分松紧不均匀，会影响渗透速度和显色的均匀。

(11)注意洗脱剂的配比，胡萝卜素出来后，换成 1∶7 的洗脱液。

(12)洗脱流速不宜过快，避免色素分离不开，也不要过慢，使色素洗脱很慢。因此应控制洗脱流速，以每分钟 60~80 滴为宜。

(13)样品一定要足够浓缩，加样量不要过大或过小。

◎ 思考题

1. 在绿叶中色素的提取中可否使用干叶？使用干叶和新鲜叶片各有什么优缺点？

2. 提取和分离叶绿体中色素的关键是什么？

3. 为什么本实验使用棉花团过滤而不使用滤纸过滤？

4. 叶绿体中有哪几种色素？滤纸条上的色素带，从上到下是怎样排列的？

5. 叶绿体中的色素含量最多和扩散速度最快的是哪一种？

6. 为什么实验结束后一定要用肥皂将手洗净？

实验 17　纸色谱法分离混合氨基酸

一、实验目的

(1)了解纸色谱的固定相、流动相等及基本原理；
(2)掌握用纸色谱分离氨基酸的一般操作及注意事项。

二、基本原理

纸色谱是一种以滤纸为支持物的色谱方法，常用于多官能团或极性较大的化合物，如糖类、酯类、生物碱、氨基酸等的分离。它因为设备简单、试剂用量少、便于保存，而为实验室常用方法。纸色谱具有微量、快速、高效和灵敏度高等特点。

纸色谱的原理比较复杂，涉及分配、吸附和离子交换等机理，但分配机理起主要作用。因此，一般认为纸色谱属于分配色谱。

纸色谱以滤纸作载体。滤纸是由纤维素组成，纤维素上有多个—OH，能吸附水(在水蒸气饱和的空气中，一般纤维能吸附20%~25%的水分，其中约有67 %的吸附水是通过氢键与纤维素的羟基结合的，吸附极为牢固，一般条件下很难脱去)，这些吸附水就构成了色谱过程的固定相，展开剂(与水不相混溶的有机溶剂)为流动相，滤纸只起到支持固定相的作用。当样品点在滤纸一端，放在一密闭器中，让流动相通过毛细管作用从滤纸一端经过点样点流向另一端，样品中的溶质在固定相水、流动相有机溶剂中进行分配。因样品中不同溶质在两相中分配系数不同，易溶

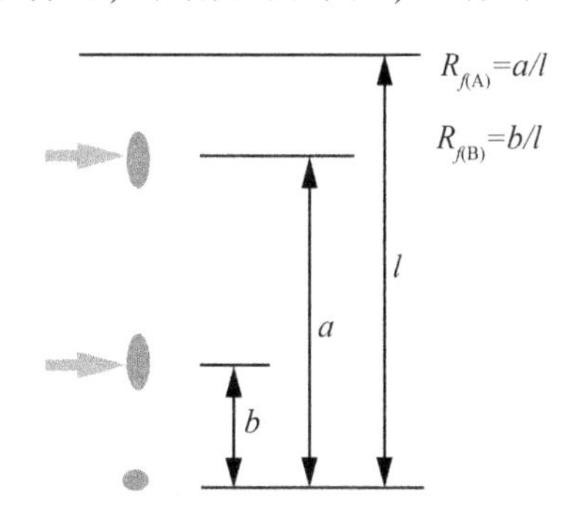

于有机溶剂而难溶于水的组分，随流动相往前移动速度快些，而易溶于水而难溶于有机溶剂的组分，随流动相向前移动速度慢些，所以可以达到将不同组分分离的目的。纯的化合物在纸色谱中呈现一定的移动距离，与溶剂移动距离之比称为比移值(R_f 值)，也可以用测定 R_f值方法对不同组分进行鉴定，在测定某一试样时，最好用已知样品进行对照。

$$R_f=\frac{\text{溶质量高浓度中心至原点中心的距离}}{\text{溶剂前沿至原点中心的距离}}$$

纸色谱的操作方法分为滤纸和展开剂的选择、点样、展开、显色和结果处理(测量 R_f值)五个部分。

1. 滤纸的选择与处理

对普通实验来说，一般实验室中的滤纸都可以用。但在某些定量测定或某些深入研究的工作中，对滤纸就要做适当的选择了。

(1)滤纸要求质地均匀、平整、边沿整齐、无折痕、有一定机械强度；

(2)滤纸纸质要求纯度高、无杂质，无明显萤光斑点或其他有色斑点，以免与色谱斑点相混淆；

(3)滤纸纤维松紧要适宜，过紧则展开太慢，过松则造成斑点扩散。

实验室用的滤纸可适用于一般的纸色谱分析。严格的研究工作中则需慎重选择层析用纸，并进行净化处理。例如分离酸性、碱性物质时，为保持恒定的酸碱度，可将滤纸浸泡在一定 pH 值的缓冲液中，进行预处理后再使用。

将滤纸裁剪成条形时，应顺着纤维排列的方向。在裁剪滤纸时，要把周边裁剪整齐，不能留毛边。还要注意防止手垢和汗渍等杂质污染滤纸。

2. 展开剂的选择

纸色谱用的溶剂一般要求：

(1)纯度高。有时仅含 1 %的杂质，也会相当大地改变被分离物质的 R_f 值。即便有微量的杂质存在，在溶剂移动和挥发过程中，也会形成杂质的浓集区域而影响检出。

(2)有一定的化学稳定性。在展开过程中容易被氧化的溶剂，不宜作为展开剂使用。

(3)容易从滤纸上除去。

纸色谱中，很少用单一溶剂作为展开剂，大多用极性不同的溶剂组成的混合溶剂，且其中之一是水。在选择展开剂时，一般按相似相溶原理进行。如果被分离的物质是易溶于水但难溶于乙醇的强亲水性的混合物，如氨基酸、糖类等，可选用含水量为 10%~40%的高含水量系统作为展开剂。若被分离的物质是可溶于乙醇和水，且较易溶于乙醇的中等亲水性的混合物，则宜采用中等含水量的溶剂系统作展开剂。对于难溶于水但易溶于亲脂性溶剂的物质，则展开剂主要组分是苯、环己烷、四氯化碳、甲苯等。对于完全亲脂性物质如甾醇等，最好采用反相系统，即用甲酰胺、二甲基甲酰胺等浸渍滤纸作固定相，可用含水的醇或与此相近的溶剂作为流动相。

溶剂系统的组成与含水量的变化规律是：有机溶剂的极性越大，所配成的混合溶剂的有机相中含水量越高；反之，含水量越低。在有机溶剂的同系物中，分子量越大，所配成的混合溶剂有机相中水分含量越低。据此，可以根据需要选择合适的有机溶剂，配制一定含水量的溶剂系统，以获得较理想的 R_f值。

对于酸性或碱性物质来说，由于其电离平衡现象的存在，展开时必将产生拖尾现象。因此，通常在溶剂中加入较强的酸(如甲酸)或碱(如氨)来抑制弱酸或弱碱的电离。另一种常用方法就是在滤纸上喷上缓冲盐类，以保持一定的 pH 值，干后再展开。但必须注意，展开剂也必须事先用缓冲液平衡后再使用。

溶剂配制的一般方法是将溶剂各组分按配方比例充分混合。如果混合液分层，则必须在充分振荡混合、静置分层之后，分出有机相作为展开剂。

3. 样品处理

用于色谱分析的样品，要求初步提纯，如氨基酸的测定，不能含大量盐类、蛋白质，否则互相干扰，分离不清。固体样品应尽可能避免用水作溶剂，因为水作溶剂斑点易扩散。一般选用乙醇、丙酮、氯仿等作溶剂，最好是选用与展开剂极性相近的溶剂。

4. 点样

用内径约 0. 5mm 的毛细管或微量注射器吸取试样溶液，轻轻接触滤纸，控制样点直径为 2~3mm，如样点直径过大，则会分离不清或出现拖尾。液体样品可直接点样，不用配成溶液。

5. 展开

纸色谱必须在密闭的层析缸中展开。在层析缸中加入适量的展开剂，将点好样的滤纸放入缸中。展开剂水平面应在点样线以下，绝不允许浸泡样品线。

按展开方式，纸色谱分为上行法、下行法、水平法分别如图 4-2、图 4-3、图 4-4 所示。

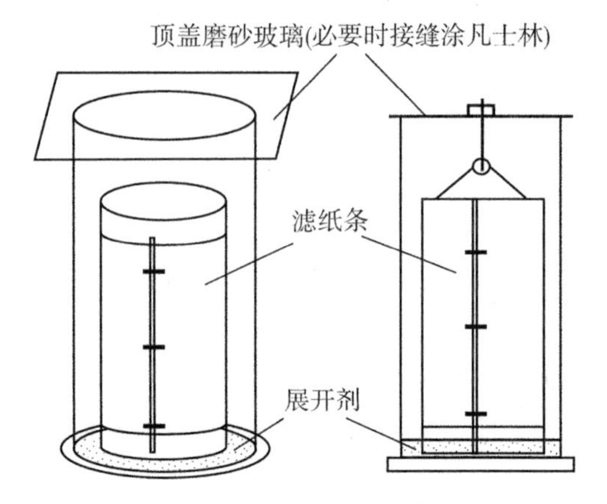

图 4-2　上行展开法示意图

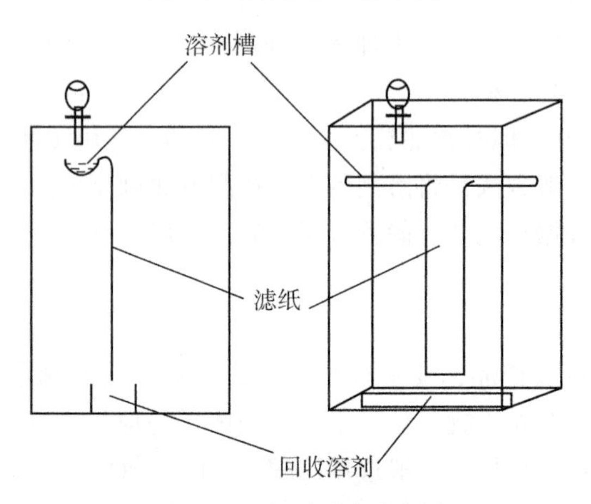

图 4-3　下行展开法示意图

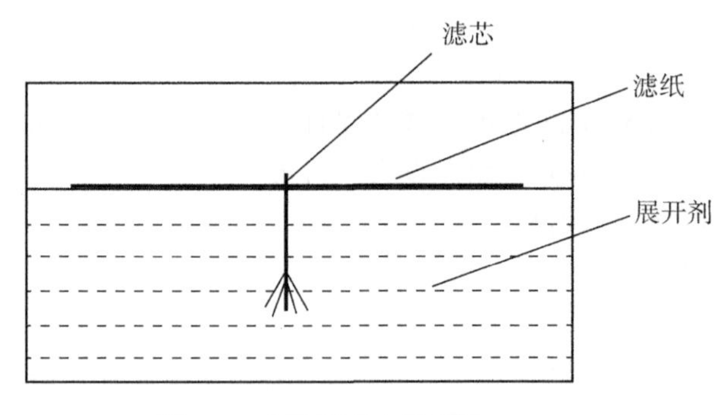

图 4-4　水平展开法示意图

当展开剂移动到离纸边沿1~2cm时，取出滤纸，用铅笔小心地画出溶剂前沿，然后冷风吹干。对于有色样品斑点，可直接观察，并用铅笔画出斑点范围；对于呈荧光的样品，可在紫外灯光下观察斑点，并用铅笔画出斑点范围；对于无色也无荧光性质的样品，往往加入显色剂使之显色后，再用铅笔画出斑点范围。

常见的纸色谱斑点拖尾现象有以下几种情况：

(1)点样量过多，样品量超过了点样处滤纸所荷载的溶剂能够溶解的能力。

(2)某些物质可以形成多个电离形式，且各自有其不同的R_f值，因而在纸上造成连续拖曳，这种情况可使用碱性或酸性的展开系统，抑制其电离即可消除。

(3)被分离的物质与滤纸上的Cu^{2+}、Ca^{2+}、Mg^{2+}等杂质形成络合物而形成拖尾，可改用纯滤纸展开。

(4)某些物质在展开过程中会逐渐分解，如肾上腺素和某些含硫氨基酸等，可将它们转变成稳定的物质再作展开来克服。

(5)当被分离的物质能溶于显色剂中时，如显色剂用量过多，可使斑点模糊或拖长。

三、仪器与试剂

1. 仪器

条形滤纸(5cm×15cm)、色谱缸、内径0.3mm毛细管(微量注射器)、干燥箱、喷雾器、电吹风、剪刀、直尺、铅笔。

2. 试剂

标准液(1%亮氨酸/乙醇溶液、1%赖氨酸/乙醇溶液)、样品混合液(含亮氨酸、赖氨酸的乙醇溶液)、0.5%茚三酮乙醇溶液、展开剂(正丁醇：冰乙酸：水=4：1：5，在分液漏斗中充分混合，静止分层，取上层作展开剂)。

四、实验步骤

1. 准备滤纸

取一张条形滤纸(5cm×15cm)，平放在一张洁净纸上，用铅笔在滤纸一端距底边15~20mm处轻画一根平行线，在线上标出三个点，各点间距离为8~12mm，并用铅笔标明各点对应“亮”、“赖”、“混”字。

2. 点样

用毛细管吸取样品溶液少许，在对应点进行点样，样点直径为2~3mm，最好将混合样点在中间点的位置。注意同一毛细管只能用于一种物质的点样。点好样品，风干或吹风机吹干。

3. 饱和与展开

将一点好样品的滤纸悬吊于装有展开剂的色谱缸中，用盖盖好。注意不可使滤纸与溶剂接触。静置20~30min(一般为1~2h)，让溶剂蒸汽对滤纸进行饱和。

点样端向下，将饱和后的滤纸的点样点以下垂直浸入展开剂中，盖好，展开至各点明显分离一段距离。溶剂的前沿升到接近滤纸顶端时，取出滤纸，立即用铅笔画出溶剂前沿所在位置，吹干。

4. 显色

用喷壶在距滤纸30~40cm处向滤纸均匀喷洒显色剂，以滤纸基本打湿为宜。然后用吹风机热风缓缓吹干并加热滤纸，直到显示出紫色斑点为止。

5. 测量 R_f 值与鉴定

用铅笔将所有斑点的轮廓描出来，并确定出各斑点的中心位置，该点即为斑点位置。分别量出点样点到溶剂前沿的距离和各斑点位置到点样点的距离，按照 R_f 值定义计算各斑点的 R_f 值。比较各斑点的 R_f 值大小，确定混合样点上的两个斑点各是什么物质。

五、注意事项

(1)注意同一毛细管只能用于一种物质的点样，点样的次序不要混淆。

(2)样点不能过大；点样过程中必须在第一滴样品干后再点第二滴，为使样品加速干燥，可用电吹风加热干燥，但要注意温度不可过高，以免破坏氨基酸，影响测定结果。

(3)展开剂液面不能高于起始线，溶剂展开至距离纸的上沿约1cm时，注意不能使溶剂走过头。

◎ 思考题

1. 为什么纸色谱点样点的直径最好为2~3mm？斑点过大或样品量过大有什么弊病？为什么？

2. 手拿滤纸时，应注意什么？为什么？色谱缸为什么要密闭？

3. 上行展开时，样品点为什么必须在展开剂的液面之上？

4. 做原点标记能否用钢笔或圆珠笔？为什么？

5. 点样品时所用毛细管为什么要专管专用？

实验18　薄层色谱法分离偶氮苯和苏丹Ⅲ

一、实验目的

(1)了解薄层色谱的基本原理和应用；

(2)学会调浆、自制薄层色谱板；

(3)掌握薄层色谱的操作技术。

二、实验原理

薄层色谱(thin layer chromatography，TLC)，又称薄层层析，属于固-液吸附色谱。样品在薄层板上的吸附剂(固定相)和溶剂(流动相)之间进行分离。由于各种化合物的吸附能力各不相同，在展开剂上移时，它们进行不同程度的解吸，从而达到分离的目的。

薄层色谱的用途：

(1)化合物的定性检验(通过与已知标准物对比的方法进行未知物的鉴定)。在条件完全一致的情况，通过对比两种性质相似的化合物的比移值来确定两者是否为同一物质。根据斑点扩散或拖尾情况可以鉴定化合物的纯度，但影响比移值的因素很多，如薄层的厚度、吸附剂颗粒的大小、酸碱性、活性等级、外界温度和展开剂纯度、组成、挥发性等。所以，要获得重现的比移值就比较困难。为此，在测定某一试样时，最好用已知样品同时点样展开进行对照。

(2)快速分离少量物质(几到几十 μg，甚至0.01μg)。

(3)跟踪反应进程。在进行化学反应时，常利用薄层色谱观察原料斑点的逐步消失，来判断反应是否完成。

(4)化合物纯度的检验(只出现一个斑点，且无拖尾现象，为纯物质)。

薄层色谱法特别适用于挥发性较小或在较高温度易发生变化而不能用气相色谱分析的物质。

三、仪器与试剂

1. 仪器

玻璃棒、玻璃板、毛细管、广口瓶。

2. 试剂

硅胶 G、0.5%羧甲基纤维素钠(CMC)溶液、0.5%的偶氮苯氯仿溶液、0.5%苏丹Ⅲ的氯仿溶液、0.5%的偶氮苯氯仿溶液和 0.5%苏丹Ⅲ的氯仿溶液 1∶1混合物。

四、实验步骤

1. 吸附剂的选择

薄层吸附色谱常用的吸附剂因黏合剂或荧光剂不同分为硅胶 H、硅胶 G、硅胶 HF_{254}、硅胶 GF_{254}和氧化铝 G、氧化铝 GF_{254}及氧化铝 HF_{254}等。硅胶 H 为不含黏合剂，硅胶 G 为含煅石膏黏合剂。

吸附剂颗粒大小一般为 260 目以上。颗粒太大，展开剂移动速度快，分离效果不好；反之，颗粒太小，溶剂移动太慢，斑点不集中，效果也不理想。

化合物的吸附能力与它们的极性成正比，极性较大的化合物吸附能力较强，因而 R_f值较小。以下化合物 R_f 值大小排序为：酸和碱>醇、胺、硫醇>酯、醛、酮>芳香族化合物>卤代物、醚 >烯>饱和烃。

本实验选择的吸附剂为硅胶 G。

2. 薄层板的制备(湿板的制备)

(1)调制浆料

先配制 0.5%羧甲基纤维素钠(CMC)溶液，然后按照 1g 硅胶 G 需 3~4mL 0.5%的羧甲基纤维素钠溶液的比例，称取硅胶 G 和 CMC 溶液(一个组分配

30mL CMC 溶液)。将硅胶 G 缓慢加到 CMC 溶液中，边加边搅，直至浆料均匀，不结团，黏度适当。

(2)制板

用一只手拿玻璃板的一端(拿平)，用玻璃棒蘸取 2~3 滴浆料滴到玻璃板上，用玻璃棒将浆料在玻璃板上轻轻铺开，不够再滴，直至铺满玻璃板的绝大部分，离手持一端端点<1cm 时，用手指或者用干净玻璃棒轻弹玻璃板下面，利用浆料的流动性(制作浆料时不能太稠)，使浆料在玻璃板上分布均匀，并用带少许浆料的玻璃棒斜着轻轻刮玻璃板边沿，使玻璃板边沿浆料丰满，分布均匀(避免走板时路线弯曲，浆料厚度影响走板快慢和路线)，再放在水平桌面上自然蒸发掉大部分溶剂。注意所制硅胶板不能太薄，否则点样时易弄破，也不能太厚，否则点样溶剂走不均匀。因为每个同学要用 2 块玻璃板，所以要求制 4 块玻璃板，以防部分玻璃板不能使用。

3. 薄层板的活化

硅胶板一般在烘箱中渐渐升温，维持 105~110℃活化 30min。活化后的薄层板放在干燥器内保存待用。

4. 点样

先用铅笔在距薄层板一端 1cm 处轻轻画一横画作为起始线，然后用毛细管吸取样品，在起始线上小心点样，斑点直径一般不超过 2mm。若因样品溶液太稀，可重复点样，但应待前次点样的溶剂挥发后方可重新点样，以防样点过大，造成拖尾、扩散等现象，而影响分离效果。若在同一板上点几个样，样点间距离应为 1~1.5cm。点样要轻，不可刺破薄层。本实验用 0.5%的偶氮苯氯仿溶液、0.5%苏丹Ⅲ的氯仿溶液和二者 1∶1 混合物三种样品。

5. 展开

将点好样的薄层板用镊子放到装有展开剂的广口瓶中，展开剂不能淹没起点线，但要浸住吸附剂(想想为什么?)，用毛玻片盖住广口瓶，观察溶剂的痕迹，不要让溶剂走过黏合剂覆盖位置，只要两个点走开了就可以了。拿出来，立即画出记下溶剂走的顶点位置，以免干了找不到。然后根据颜色最浓的几个点在记录本上临摹出玻璃板，并标出起点以及展开后各点的位置，并用 a，b，c，d 标示，记住要给老师检查，回收用过的玻璃板(一个学生 2 块)，计算出相应的 R_f 值。

6. 显色(本实验不需要显色)

被分离物质如果是有色组分，展开后薄层色谱板上即呈现出有色斑点。如果化合物本身无色，则可用碘蒸气熏的方法显色。还可使用腐蚀性的显色剂如浓硫酸等。对于含有荧光剂的薄层板在紫外光下观察，展开后的有机化合物在亮的荧光背景上呈暗色斑点。本实验样品本身具有颜色，不必在荧光灯下观察。

7. 实验记录及数据处理

记录起始线、溶剂前沿、斑点位置，直尺量取各斑点、溶剂前沿至起始线的距离，计算比移值 R_f。

五、注意事项

(1)玻璃片应干净且不被手污染，吸附剂在玻璃片上应均匀平整。

(2)点样不能戳破薄层板面，各样点间距 1～1.5cm，样点直径应不超过 2mm。

(3)展开时，不要让展开剂前沿上升至底线。否则，无法确定展开剂上升高度，即无法求得 R_f 值和准确判断粗产物中各组分在薄层板上的相对位置。

◎ 思考题

1. 如何利用 R_f 值来鉴定化合物？R_f 值相同的两个斑点是同一种物质吗？R_f 值不同的两个斑点是不同的两种物质吗？

2. 薄层色谱法点样应注意些什么？

实验 19　高效液相色谱法分离苯、甲苯

一、实验目的

(1)了解高效液相色谱仪器各部分的组成；
(2)掌握高效液相色谱仪器的使用方法及软件操作方法；
(3)掌握分离样品的流动相的配置方法。

二、实验原理

液相色谱仪器由泵、进样器、色谱柱、检测器、记录仪等几部分组成，试剂瓶中的流动相被泵打入系统，样品溶液经进样器进入流动相，被流动相载入色谱柱内。由于样品溶液中的各组分在两相中具有不同的分配系数，因此可以在两相中做相对运动，经过反复多次的吸附-解吸的分配过程，各组分在移动速度上产生较大的差别，被分离成单个组分依次从柱内流出，通过检测器时，样品浓度被转换成电信号传送到记录仪。

试样中苯、甲苯用甲醇溶解，以甲醇+水为流动相，使用 C_{18} 柱为填充的不锈钢柱和紫外检测器，对试样中的苯、甲苯进行高效液相色谱分离和外标法定量。

三、仪器与试剂

1. 仪器

高效液相色谱仪：具有可变波长紫外检测器，色谱柱：250mm × 4.6mm (id)，不锈钢柱，内装 C_{18} 填料，粒径 5μm；超声波清洗器；微孔过滤器：滤

膜孔径为0.45μm。

2. 试剂

苯、甲苯(色谱纯)、甲醇(色谱纯)、水(新蒸二次蒸馏水)。

四、实验步骤

1. 高效液相色谱操作条件

(1)流动相：甲醇+水=70+30(*V/V*)，使用前经0.45μm滤膜并超声脱气；
(2)柱温：室温；
(3)流速：1.0mL/min；
(4)检测波长：254nm；
(5)进样量：10μL。

2. 标准溶液的配制

称取色谱纯苯、甲苯各0.05g(精确至0.0001g)于50mL容量瓶中，此溶液质量浓度*C*(苯、甲苯)为1.00mg/mL，用甲醇溶液溶解并稀释至刻度，摇匀备用。

3. 标准曲线的绘制

分别吸取苯、甲苯标准溶液0.5mL、1.00mL、1.50mL、2.00mL、2.50mL、3.00mL，置于50mL容量瓶中，用甲醇稀释至刻度，摇匀，配置成分别含苯、甲苯10.00μg/mL、20.00μg/mL、30.00μg/mL、40.00μg/mL、50.00μg/mL、60.00μg/mL的标准溶液，用0.45μm滤膜过滤，滤液待用。

在上述色谱条件下，待仪器基线稳定后注入标准系列溶液，记录色谱峰面积，以苯、甲苯的质量浓度(μg/mL)为横坐标，相应的色谱峰面积为纵坐标，绘制标准曲线。

4. 试样的测定

在与测定标准系列溶液相同的条件下注入待测溶液，根据色谱峰的保留时间定性，记录色谱峰面积，并从标准曲线查的苯、甲苯的浓度。

5. 结果的表示

苯、甲苯质量分数 $X(\%)$ 按下式计算：

$$X=\frac{C\times V\times 10^{-6}}{m}\times 100\%$$

式中，m 为试样的质量，g；V 为试样定容体积，mL；C 由标准曲线查出的试样溶液中苯、甲苯的浓度，μg/mL。

五、注意事项

(1)注意注射器的选择，应选用平头的注射器。

(2)实验过程中要注意仪器在运行中不能进入气体，气泡会使压力不稳，重现性差，所以在使用过程中要尽量避免产生气泡。

(3)每次做完样品后应该用溶解样品的溶剂清洗进样器。

◎ 思考题

1. 高效液相色谱的原理是什么？
2. 影响本实验准确度的关键因素有哪些？

第五部分　离子交换分离法

离子交换分离法是通过试样离子在离子交换剂(固相)和淋洗液(液相)之间的分配(离子交换)而达到分离的方法。分配过程是离子交换反应过程，离子交换反应发生在离子交换树脂上的具有可交换离子的活性基团上。离子交换树脂是以高分子聚合物为骨架，反应引入活性基团构成。高分子聚合物以苯乙烯-二乙烯苯共聚物小球常见，可引入各种特性的活性基团，使之具有选择性。离子交换树脂在交换反应中可交换离子的数目用交换容量表示，交换容量是交换树脂的质量指标之一，它由树脂的活性基团数目决定。阳离子交换树脂只能交换阳离子，不能交换阴离子；阴离子交换树脂只能交换阴离子，不能交换阳离子。离子交换色谱法是利用离子交换原理和液相色谱技术的结合来分离和测定溶液中阳离子和阴离子的一种分离分析方法。凡在溶液中能够电离的物质通常都可以用离子交换色谱法进行分离，现在它不仅适用于无机离子混合物的分离，亦可用于有机物的分离，例如氨基酸、核酸、蛋白质等生物大分子，因此应用范围较广。离子交换反应是可逆反应，离子交换树脂使用后可以进行再生处理。此部分共选编了 3 个实验。实验 20：离子交换柱层析分离氨基酸，主要是为了让学生掌握离子交换的原理，阳离子交换树脂的应用，离子层析柱的填装、洗脱分离、交换剂的再生等。实验 21：离子交换柱层析分离核苷酸，让学生了解 RNA 碱水解的原理，掌握阴离子交换树脂的应用。实验 22：离子交换法制备去离子水，让学生掌握利用阳离子交换树脂和阴离子交换树脂柱制备去离子水的原理和方法。

实验 20　离子交换柱层析分离氨基酸

一、实验目的

(1)掌握离子交换的原理，交换剂的选择、色谱柱的填装、洗脱分离、离子交换剂的再生等；

(2)掌握氨基酸和茚三酮显色机理。

二、实验原理

离子交换层析法(简称 ICE)是分离和制备样品混合物的液-固相层析方法。用离子交换剂(具有离子交换性能的物质)作固定相，利用它与流动相中的离子能进行可逆的交换性质来分离离子型化合物的层析方法。即溶液中的离子同离子交换剂上功能基团交换反应的过程。这种可逆的交换性质是基于待测物质的阳离子或阴离子和相应的离子交换剂间的静电结合，即根据物质的酸碱性、极性等差异，通过离子间的吸附和脱吸附原理将电解质溶液各组分分开。它是从复杂混合物体系中分离性质极为相似的生物分子的有效手段之一。

层析时要根据物质的解离性质的差异，选用不同的离子交换剂进行分离。由于带电荷不同的各种物质对离子交换剂有不同的亲和力，通过改变洗脱液的离子强度和 pH 值来控制这种亲和力，即可使这些物质根据亲和力大小顺序依次从层析柱中洗脱下来。

氨基酸是两性电解质，分子上的净电荷取决于氨基酸的等电点和溶液的 pH 值，各种氨基酸分子结构不同，在同一 pH 值时所带的电荷的性质和多少不同，与离子交换树脂的亲和力有差异，因此可以根据亲和力从小到大的顺序被洗脱液分别洗脱下来，达到分离的效果。

$$R-SO_3H+M^+ \rightleftharpoons R-SO_3M+H^+$$

$$R-NH_3OH+Cl^- \rightleftharpoons R-NH_3Cl+OH^-$$

在加热条件及弱酸环境下，氨基酸或肽与茚三酮反应生成紫蓝色(与脯氨酸或羟脯氨酸反应生成(亮)黄色)化合物及相应的醛、二氧化碳。

三、仪器与试剂

1. 仪器

层析柱(1×20cm)、烧杯、玻璃棒、试管(10 根)、量筒、分光光度计等。

2. 试剂

732 型阳离子交换树脂、洗脱液(0.45mol/L，pH5.3 的柠檬酸钠缓冲溶液)、显色剂(2%茚三酮)、60%乙醇、混合氨基酸样品液 0.005mol/L(Asp、Lys)、蒸馏水等。

四、实验步骤

1. 树脂的处理(提前做好)

新鲜树脂用蒸馏水浸泡过夜，使之充分溶胀。用 4 倍体积的 2mol/L HCl 浸泡 1h，倾去清液，用蒸馏水洗至中性。再用 2mol/L NaOH 浸泡 1h，用蒸馏水洗去 NaOH 至树脂 pH 值呈中性，最后用 pH5.3 的柠檬酸钠缓冲液浸泡，备用。

2. 装柱前准备

选择层析柱(1cm×20cm)，观察柱底端滤膜是否完好，分别用流水和蒸馏水冲洗干净。

将层析柱垂直装在铁架台上，关闭柱底端出口，在柱内注入少许(约1.0cm高)洗脱液，打开出水口，排净管内的空气后关闭出水口。

3. 装柱

向盛有已处理好的树脂的烧杯中，加入适量洗脱液，用玻璃棒轻轻将树脂搅成悬浮状，然后沿柱内壁小心地加至适当高度。倒入速度不要太快，以防产生泡沫和气泡。

待树脂在柱底部有明显沉积后，慢慢打开柱底端的出口，或用吸管吸去柱内上层过多的洗脱液，继续向柱内加入悬浮的树脂，直至沉积后柱床体高度达6.0cm，液面高度为3~4cm。

4. 平衡

层析柱装好后，用洗脱液以0.4mL/min的流速进行平衡，直至流出液的pH值与洗脱液的pH值相同(2~3倍柱床体积，约20min)。

5. 加样

打开层析柱底端出口，小心使层析柱内液体流至层析柱床体表面时，立即关闭出口。

用微量取液器吸取0.5mL氨基酸混合样液沿柱内壁缓慢地加入柱中，以免冲坏树脂表面。加样完毕后，慢慢打开层析柱底端出口，使液面流至与树脂表面相平时，立即关闭底端出口。用移液枪吸取0.5mL洗脱液，重复上述方法反复洗涤层析柱内壁四周2~3次。当最后一次洗脱液面流至与树脂表面相平时，立即关闭柱底端出口。

6. 洗脱与收集

用滴管吸取洗脱液，沿柱内壁缓慢地加入柱中，以免冲坏树脂表面。加至3~4cm高后，开始进行自动洗脱并计时。

以每管4.0mL的条件进行收集(10min/管，准确计时)，收集10管后关闭恒流泵停止收集(试管收集前应事先编号)。

7. 样液的测定

按表5-1所示配制待测溶液，用分光光度计测其在570nm波长下的吸光度。然后以吸光度A为纵坐标，洗脱液累计体积V(每管4mL，故4mL为一个单位)为横坐标绘制洗脱曲线，并加以说明。

表5-1 待测溶液的配置

管号 / 加液体积	0	1	2	3	4	5	6	7	8	9	10
收集的样液/mL	0.0	0.5	0.5	0.5	0.5	0.5	0.5	0.5	0.5	0.5	0.5
洗脱液/mL	1.5	1.0	1.0	1.0	1.0	1.0	1.0	1.0	1.0	1.0	1.0
茚三酮/mL	0.5	0.5	0.5	0.5	0.5	0.5	0.5	0.5	0.5	0.5	0.5
	100摄氏度保温25min，冷却至室温										
60%乙醇/mL	3.0	3.0	3.0	3.0	3.0	3.0	3.0	3.0	3.0	3.0	3.0

五、注意事项

(1)层析柱底端要完好，防止树脂进入导管后堵塞导管。

(2)倒入速度不要太快，以防产生泡沫和气泡。

(3)装柱的注意事项：①装柱时应注意液面不能低于树脂表面。②树脂悬浮液的温度要相对恒定或应与室温接近，否则柱床体内易产生气泡而影响层析效果。③装好的柱体应该没有“纹路”、节痕和气泡，并且柱床体表面平整而均匀。否则需要重新装柱到达到要求为止。

(4)加样时要沿柱内壁缓慢地加入柱中，以免冲坏树脂表面以及在柱内形成气泡，影响分离效果。

◎ 思考题

1. 实验中采用湿法装柱，具体怎么操作？为保证实验效果，装柱过程中应注意哪些细节？

2. 混合物中有2种氨基酸，洗脱曲线上应该会出现2个峰，但是有些同学的实验中发现洗脱曲线上只有一个峰，试分析可能的原因。

实验 21　离子交换柱层析分离核苷酸

一、实验目的

(1)了解 RNA 碱水解的原理和方法；
(2)掌握离子交换柱层析的分离原理和方法；
(3)熟练掌握紫外吸收分析方法。

二、实验原理

1. RNA 的碱水解

实验室制备单核苷酸一般用化学水解法(酸、碱水解)和酶解法。RNA 用酸水解可得到嘧啶核苷酸和嘌呤碱基，用碱水解可得到 2′-核苷酸和 3′-核苷酸的混合物；用 5′-磷酸二酯酶或 3′-磷酸二酯酶水解则分别可得到 5′-核苷酸或 3′-核苷酸。

RNA 用碱水解，经过 2′，3′-环核苷酸中间物，而后水解生成 2′-核苷酸和 3′-核苷酸。碱水解一般采用 0.3mol/L 的 KOH 于 37℃保温 18~20h 就能水解完全(也可以用 1mol/L KOH 于 80℃水解 60min，或 0.1mol/L KOH 100℃水解 20min)。水解完毕，用 2mol/L $HClO_4$中和并逐滴调节至 pH≈2，生成 $KClO_4$沉淀，离心去除。上清液即为各单核苷酸的混合液，然后根据所选离子交换剂的类型，将上清液调至适当的 pH 值，作样品液备用。一般用阳离子交换剂时，pH 值调至 1.5 左右；用阴离子作交换剂时，pH 值调至 8~9(逐滴)。此处用 KOH 是为了便于除去钾离子以降低样品溶液中的离子强度。

2. 单核苷酸的离子交换柱层析分离

离子交换层析是根据各种物质带电状态(或极性)的差别来进行分离的。电荷不同的物质对离子交换剂有不同的亲和力，因此要成功地分离某种混合物，必须根据其所含物质的解离性质，带电状态选择适当类型的离子交换剂，并控制吸附和洗脱条件(主要是洗脱液的离子强度和 pH 值)，使混合物中各组分按亲和力大小顺序依次从层析柱中洗脱下来。

在离子交换层析中，分配系数或平衡常数(K_d)是一个重要的参数：

$$K_d = \frac{C_s}{C_m}$$

式中，C_s 是某物质在固定相(交换剂)上的摩尔浓度，C_m 是该物质在流动相中的摩尔浓度。可以看出，与交换剂的亲和力越大，C_s 越大，K_d 值也越大。各种物质 K_d 值差异的大小决定了分离的效果。差异越大，分离效果越好。影响 K_d 值的因素很多，如被分离物所带电荷量、空间结构因素、离子交换剂的非极性亲和力大小、温度高低等。实验中必须反复摸索条件，才能得到最佳的分离效果。核苷酸分子中各基团的解离常数(pK)和等电点 pI 值见表 5-2。

表 5-2　**四种核苷酸的解离常数(pK)和等电点 pI 值**

核苷酸	第一磷酸基 pK_{a1}	第二磷酸基 pK_{a2}	含氮环的亚氨基 (—NH^+ ⟶) pK_{a3}	等电点 pI 值*
尿苷酸 UMP	1. 0	6. 4	—	—
鸟苷酸 GMP	0. 7	6. 1	2. 4	1. 55
腺苷酸 AMP	0. 9	6. 2	3. 7	2. 35
胞苷酸 CMP	0. 8	6. 3	4. 5	2. 65

* 注：$pI=(pK_{a1}+pK_{a3})/2$。

由表 5-2 可见，含氮环亚氨基的解离常数(pK)值相差较大，它在离子交换分离四种核苷酸中将起决定性作用。

用离子交换树脂分离核苷酸，可通过调节样品溶液的 pH 值使它们的可解离基团解离，带上正电荷或负电荷，同时减少样品溶液中除核苷酸外的其他离子的强度。这样，当样品液加入到层析柱时，核苷酸就可以与离子交换树脂相结合。洗脱时，通过改变 pH 值或增加洗脱液中竞争性离子的强度，使被吸附的核苷酸的相应电荷降低，与树脂的亲和力降低，结果使核苷酸得到分离。

混合核苷酸可以用阳离子或阴离子交换树脂进行分离。采用阳离子交换时，控制样品液pH值在1.5，此时UMP带负电，而AMP、CMP、GMP带正电，可被阳离子树脂吸附。然后通过逐渐升高pH值，将各核甘酸洗脱下来，次序是UMP→GMP→CMP→AMP。AMP与CMP洗脱位置的互换，是由于聚苯乙烯树脂母体对嘌呤碱基的非极性吸附力大于对嘧啶碱基的吸附力造成的。

本实验采用聚苯乙烯-二乙烯苯三甲胺季铵碱型粉末阴离子树脂(201×8)分离四种核苷酸。首先使RNA碱水解液中的其他离子强度降至0.02以下，然后调pH值至6以上，使样品核苷酸都带上负电荷，它们都能与阴离子交换树脂结合。结合能力的强弱，与核苷酸的p*I*值有关，p*I*值越大，与阴离子交换树脂的结合力越弱，洗脱时越易交换下来。由表5-2可见，当用含竞争性离子的洗脱液进行洗脱时，洗脱下来的次序应该是CMP、AMP、GMP和UMP。由于本实验所用的树脂的不溶性基质是非极性的，它与嘌呤碱基的非极性亲和力大于与嘧啶碱基的非极性亲和力。所以，实际洗脱下来的次序为：CMP、AMP、UMP和GMP。对于同一种核苷酸的不同异构体而言，它们之间的差别仅在于磷酸基位于核糖的不同位置上，2′-磷酸基较3′-磷酸基距离碱基更近，因而它的负电性对碱基正电荷的电中和影响较大，其p*K*值也较大。例如2′-胞苷酸的$pK_1=4.4$，3′-胞苷酸的$pK_1=4.3$，因此2′-核苷酸更易被洗脱下来。

应注意的是，样品不易过浓，洗脱的流速不宜过快，洗脱液的pH值要严格控制，否则将使吸附不完全，洗脱峰平坦而使各核苷酸分离不清。

3. 核苷酸的鉴定

由于核苷酸中都含有嘌呤与嘧啶碱基，这些碱基都具有共轭双键(—C═C—C═C—)，它能够强烈地吸收250~280nm波段的紫外光，而且有特征的紫外吸收比值。因此，通过测定各洗脱峰溶液在220~300nm波长范围的紫外吸收值，作出紫外吸收光谱图，与表5-3所示的标准吸收光谱进行比较，并根据其吸光度比值(250nm/260nm、280nm/260nm、290nm/260nm)以及最大吸收峰与表5-3所列标准值比较后，即可判断各组分为何种核苷酸。

根据各组分在其最大吸收波长(λ_{max})处总的吸光度(A_{max})以及相应的摩尔吸光系数(E_{260})，可以计算出RNA中四种核苷酸的微摩尔数和碱基摩尔数百分组成。

表 5-3　　部分核苷酸的物理常数

核苷酸	相对分子质量	pH / 异构体	紫外吸收光谱性质							
			摩尔吸光系数 $E_{260}\times10^{-3}$		吸光值比值					
					250/260		280/260		290/260	
			2	7	2	7	2	7	2	7
鸟嘌呤核苷 2′-、3′-或 5′-磷酸	347.2	2′	14.5	15.3	0.85	0.8	0.23	0.15	0.038	0.009
		3′	14.5	15.3	0.85	0.8	0.23	0.15	0.038	0.009
		5′	14.5	15.3	0.85	0.8	0.23	0.15	0.03	0.009
腺嘌呤核苷 2′-、3′-或 5′-磷酸	363.2	2′	12.3	12.0	0.90	1.15	0.68	0.68	0.48	0.285
		3′	12.3	12.0	0.90	1.15	0.68	0.68	0.48	0.285
		5′	11.6	11.7	1.22	1.15	0.68	0.68	0.40	0.28
胞嘧啶核苷 2′-、3′-或 5′-磷酸	323.2	2′	6.9	7.75	0.48	0.86	1.83	0.86	1.22	0.26
		3′	6.6	7.6	0.46	0.84	2.00	0.93	1.45	0.30
		5′	6.3	7.4	0.46	0.84	2.10	0.99	1.55	0.30
尿嘧啶核苷 2′-、3′-或 5′-磷酸	324.2	2′	9.9	9.9	0.79	0.85	0.30	0.25	0.03	0.02
		3′	9.9	9.9	0.74	0.83	0.33	0.25	0.03	0.02
		5′	9.9	9.9	0.74	0.73	0.38	0.40	0.03	0.03

$$某核苷酸微摩尔数=\frac{该核苷酸峰合并液\ A_{max}\times 该峰体积(ml)\times10^{3}}{该核苷酸\ E_{260}}$$

$$某碱基\%=\frac{该核苷酸微摩尔数}{四种核苷酸微摩尔总数}\times100\%$$

溶液的 pH 值对核苷酸的紫外吸收光度值影响较大，故测定时需要调至一定的 pH 值。

三、仪器与试剂

1. 仪器

层析柱、梯度洗脱器、电磁搅拌器、恒流泵、自动收集器、酸度计、紫外-分光光度计、旋涡混合器、核酸蛋白检测仪、台式离心机。

2. 试剂

酵母 RNA；强碱型阴离子交换树脂 201×8：聚苯乙烯-二乙烯苯-三甲胺季铵碱型，全交换量大于 3mmol/g 干树脂，粉末型 100～200 目；1mol/L 甲酸：21.4mL 88%甲酸定容至 500mL；1mol/L 甲酸钠：34.15g 纯甲酸钠(注意结晶水问题)用蒸馏水溶解，定容至 500mL；0.3mol/L KOH：1.68g KOH 用蒸馏水溶解定容至 100mL；2mol/L 过氯酸 $HClO_4$：17mL 过氯酸(70%～72%)定容至 100mL；2mol/L NaOH (50mL)，0.5mol/L NaOH (100mL)；1mol/ L HCl (100mL)；1% $AgNO_3$溶液。

四、实验步骤

1. RNA 的碱水解

称取 20mg 酵母 RNA，置于刻度离心试管中，加 2mL 新配制的 0.3mol/L KOH 溶液，用细玻璃棒搅拌溶解，于 37℃ 水浴中保温水解 20h。然后用 2mol/L $HClO_4$溶液调水解液 pH 值至 2 以下(要少量多次，只需几滴即可)。由于核苷酸在过酸的条件下易脱嘌呤，所以滴加 $HClO_4$时需用旋涡混合器迅速搅拌，防止局部过酸，再以 4000 r/min 的转速离心 15min，置冰浴中 10min，以沉淀完全。将清液倒入另一刻度试管中，用 2mol/L NaOH 逐滴将清液 pH 值调至 8～9，作上柱样品液备用。样品液上柱前，取 0.1mL 稀释到 500 倍，测定其在 260nm 波长处的吸光度值，计算离子交换柱层析的回收率。

2. 离子交换树脂的预处理

取 201×8 粉末型强碱型阴离子交换树脂 8g(湿)，先用蒸馏水浸泡 2h，浮选除去细小颗粒，同时用减压法除去树脂中存留的气泡，然后用四倍树脂量的 0.5mol/L NaOH 溶液浸泡 1h，除去树脂中的碱溶性杂质。用去离子水洗至近中性后，再用四倍量 1mol/L HCl 浸泡 30min，以除去树脂中酸溶性杂质。接着用蒸馏水洗至中性(可以上柱洗)，此时阴离子交换树脂为氯型。

3. 离子交换层析柱的装柱方法

离子交换层析柱可使用内径约 1cm、长 10cm 的层析柱，柱下端有烧结上的垂熔滤板，柱上端使用橡皮塞，塞子中间打一小孔。紧紧插入一根细聚乙烯管，层析柱夹在铁架台上，调成垂直，柱下端细胶管用螺旋夹夹紧，向柱内加入蒸馏水至2/3柱高，再用滴管将经过预处理的离子交换树脂加入柱内，使树脂自由沉降至柱底，放松螺旋夹，使蒸馏水缓慢流出，再继续加入树脂，使树脂最后沉降的高度为6～7cm。注意在装柱和以后使用层析柱的过程中，切勿干柱，树脂不能分层，树脂面以上要保持一定高度的液面(不能太高，约1cm)，以防气泡进入树脂内部，影响分离效果。

4. 树脂的转型处理

树脂的转型处理就是使树脂带上交换吸附分离样品时所需要的离子。本实验需要将阴离子交换树脂由氯型转变为甲酸型，先用200mL 1mol/L甲酸钠洗柱，用1% $AgNO_3$检查柱流出液，直至不出现白色AgCl沉淀为止。然后改用约200mL 0.2mol/L甲酸继续洗柱，测定流出液的$A_{260}\leqslant 0.020$为止。最后用蒸馏水洗柱，直至流出液的pH值接近中性(或与蒸馏水的pH相同)。

5. 加入样品并淋洗除去不被树脂吸附的组分

加样就是将RNA碱水解产物转移到离子交换层析柱内，使其被离子交换树脂吸附。先将柱内液体用滴管轻轻吸去，使液面下降到刚接近树脂表面。旋紧下端螺旋夹，用滴管准确移取1.0mL RNA碱水解样品液，沿柱壁小心加到树脂表面，然后松开下端螺旋夹，使样品液面下降至树脂表面，接着用滴管加入少量蒸馏水，当水面降至树脂表面时，再用约200mL蒸馏水洗柱，将不被阴离子交换树脂吸附的嘌呤、嘧啶碱基及核苷等杂质洗下来。检查流出液在260nm波长处的吸光度，直至低于0.020为止。关恒流泵，旋紧柱下端螺旋夹。

6. 梯度洗脱

在梯度洗脱器的混合瓶内加入300mL蒸馏水，贮液瓶中加入300mL 0.20mol/L甲酸-0.20mol/L甲酸钠混合液(注意：梯度洗脱器底部的连通管要事先充满蒸馏水，赶尽气泡)。洗脱器出口与恒流泵入口用细塑料管相连，打开两瓶之间的连通伐和出口伐，打开电磁搅拌器，松开柱下端螺旋夹，开启恒流泵，控制 流速为5mL/管/10min，开启部分收集器，分管收集流出液。以蒸馏水为对照，测定各管在260nm波长下的A_{260}值，给各管编号，并标出最高峰的收集管。

7. 核苷酸的鉴定

分别测定最高峰管内液体在波长为 230~300nm 范围的吸光度，每相差 5nm间隔的测定吸收值。其中包括 250nm、260nm、280nm、290nm 各点(注意：液体均要保留，切勿倒掉，测量时用石英杯)。由于在小于 250nm 时，甲酸(HCOOH)具有很强的光吸收值，因此测定时所用参比对照液近似为：

第一个峰用 0.05mol/L 甲酸-0.05mol/L 甲酸钠混合液；

第二个峰用 0.10mol/L 甲酸-0.10mol/L 甲酸钠混合液；

第三个峰用 0.15mol/L 甲酸-0.15mol/L 甲酸钠混合液；

第四、第五个峰用 0.20mol/L 甲酸-0.20mol/L 甲酸钠混合液。

也可以根据最高峰所在位置，计算甲酸、甲酸钠的浓度来选择参比液。

8. 测定各种核苷酸的含量和总回收率

分别合并(包括最高峰管在内)各组分洗脱峰管内的洗脱液，用量筒测出溶液总体积，然后测定其 A_{260}值，参比对照液同上。根据层析柱上样液的 A_{260} 值以及层析后所得到的各组分 A_{260}值之和，可以计算出离子交换柱层析的回收率(注：RNA 的摩尔吸光系数 E_{260}为 7.7×10^3~7.8×10^3，水解后增值 40 %)。

9. 树脂的再生

使用过的离子交换树脂经过再生处理后，可重复使用。可以在柱内处理，也可以将树脂取出后处理。取出树脂的方法是用橡皮球由层析柱的下端向柱内吹气，用烧杯收集流出的树脂。树脂再生的方法与未使用的新树脂预处理方法相同。也可以直接用 1mol/L NaCl 溶液浸泡或洗涤，最后用蒸馏水洗至流出液的 pH 值接近中性。

五、结果处理

(1)作出阴离子交换树脂柱层析分离核苷酸的洗脱曲线，以层析流出液管数(或体积)为横坐标，以相应的 A_{260}值为纵坐标，作出洗脱曲线图。

(2)作出各单核苷酸的紫外吸收光谱图，根据各组分溶液在 230~300nm 波长范围内的吸光度值，以波长(nm)为横坐标，吸光度值为纵坐标，作出它们的吸收光谱图。由吸收光谱图求出每个单核苷酸组分的最大吸收峰的波长值 λ_{max}，同时，计算出各个组分在不同波长的吸光度值比值(250nm/260nm、

280nm/260nm、290nm/260nm)，将它们与各核苷酸的标准值(见表5-3，取pH=2和pH=7两组值的平均值为标准值)列表比较，从而鉴定出各组分为何种核苷酸。

(3)根据各组分溶液的合并体积 V，平均吸光度值 A_{260}，再查出该核苷酸的摩尔吸光系数 E_{260}，从而可以计算出每个核苷酸的微摩尔数 m。

$$m=CV$$

$$浓度\ C=\frac{A_{260}}{E_{260}\times L},\ L(比色杯光程)=1\text{cm}$$

则

$$m=\frac{A_{260}}{E_{260}}\times V(\text{ml})\times 10^{3}\ (\mu\text{mol})$$

由此，可以计算出各核苷酸的相对摩尔百分含量以及嘌呤与嘧啶的相对摩尔数比值，然后讨论RNA中嘌呤与嘧啶的摩尔数比值关系。

(4)根据层析上样液 A_{260} 值以及层析后所得到的各组分 A_{260} 值之和，计算出离子交换柱层析的回收率。

六、注意事项

(1)本实验工作量较大，所需时间较长，实验中需要有足够的耐心。

(2)上层析柱的样品不要过浓，洗脱流速要控制好并且不要太快，洗脱液的酸度应严格控制。

(3)为了缩短整个洗脱过程，本实验通过逐渐加大甲酸的浓度及加入甲酸钠溶液来逐渐增加洗脱液的酸度和竞争性离子的强度，以减弱离子交换树脂的吸附作用。

◎ 思考题

1. 离子交换树脂由哪几部分组成？阳离子交换树脂和阴离子交换树脂各含哪些官能团？
2. 离子交换柱色谱分离核苷酸的原理是什么？
3. 何为离子交换树脂的转型、再生？

实验22　离子交换法制备去离子水

一、实验目的

(1)巩固离子交换法的原理;
(2)掌握离子交换柱的制作方法及去离子水的制备方法;
(3)学习电导率仪的使用及水中常见离子的定性鉴定方法。

二、实验原理

1. 离子交换原理

无论是工农业生产用水、日常生活用水，还是科研实验用水，对水质都有一定的要求。在天然水或者自来水中含有各种各样的无机和有机杂质，常见的无机杂质有Mg^{2+}、Ca^{2+}、CO_3^{2-}、HCO_3^-、Cl^-离子及某些气体。常见的处理方法有蒸馏法、电渗析法和离子交换法。本实验主要介绍离子交换法的原理及在制备去离子水中的应用。

离子交换法中起核心作用的物质就是离子交换树脂，它是一种具有网状结构的有机高分子聚合物，由本体和交换基团两部分组成，其中本体起的是载体作用，而本体上附着的交换基团才是活性成分。根据活性基团类型的不同，可以把离子交换树脂分为阳离子交换树脂和阴离子交换树脂。

典型的阳离子交换树脂是磺酸盐型交换树脂，其结构为:

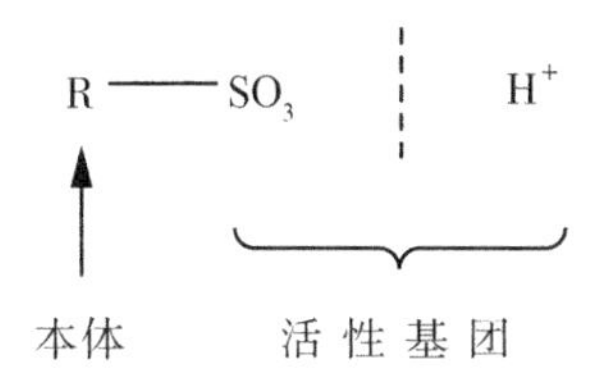

其中，H^+离子可以电离，进入溶液，并与溶液中的阳离子如Na^+、Mg^{2+}、Ca^{2+}等进行交换，故命名为阳离子交换树脂。

$$R—SO_3H+Na^+ \rightleftharpoons R—SO_3Na+H^+$$

典型的阴离子交换树脂如季铵盐型离子交换树脂，其结构为：

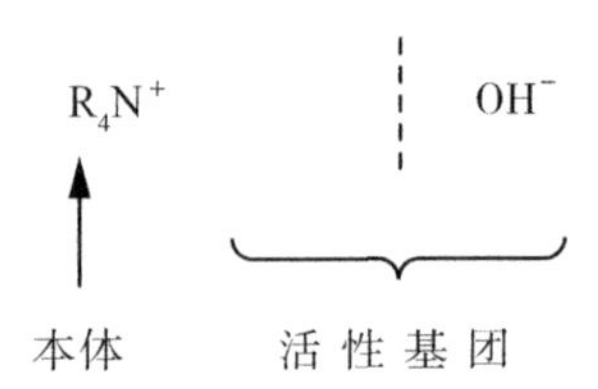

其中，OH^-离子可以电离进入溶液，并与溶液中阴离子SO_4^{2-}、Cl^-离子等进行交换，故命名为阴离子交换树脂。

$$R_4NHOH+Cl^- \rightleftharpoons R_4NCl+OH^-$$

待净化的水分别经过阳离子和阴离子交换树脂后，杂质离子被 H^+离子和 OH^-离子所取代，最后通过中和反应：

$$H^++OH^- \rightleftharpoons H_2O$$

H^+和 OH^-结合生成水，达到净化的目的。值得指出的是，离子交换法只能对水中电解质杂质有较好的净化作用，而对其他类型杂质如有机杂质是无能为力的。

实际生产时，将离子交换树脂填装入容器状管道中，做成离子交换柱(图5-1)，一个阳离子交换柱和一个阴离子交换柱串联在一起使用，称为一级离子交换法水处理装置(图 5-2)。该装置串联的级数越多，去杂质的效果显然越好。实际上实验室里使用的实验用水，有很多就是通过离子交换法制得的。

离子交换柱在使用一段时间后，柱内树脂的离子交换能力会有所下降，解决办法是分别让 NaOH 溶液和 HCl 溶液流过失效的阴离子和阳离子交换树脂柱，这一过程叫做离子交换树脂的再生。

2. 水质的检验

由于纯水中只含有微量的 H^+离子和OH^-离子，因此电导率极小，如果水中含有电解质杂质，会使得水的电导率明显增大。故用电导率仪测定水样的电导率大小，可以估计出水样的纯度。

另外，还可以用化学方法对水样中常见离子进行定性鉴定：

(1)Cl^-离子：用$AgNO_3$ 溶液鉴定。

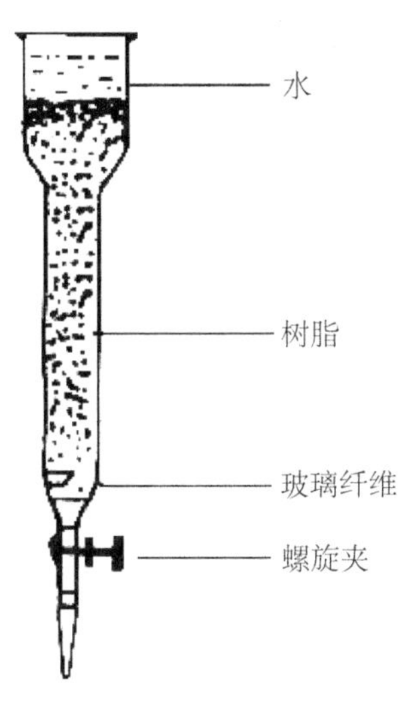

图 5-1　离子交换柱示意图

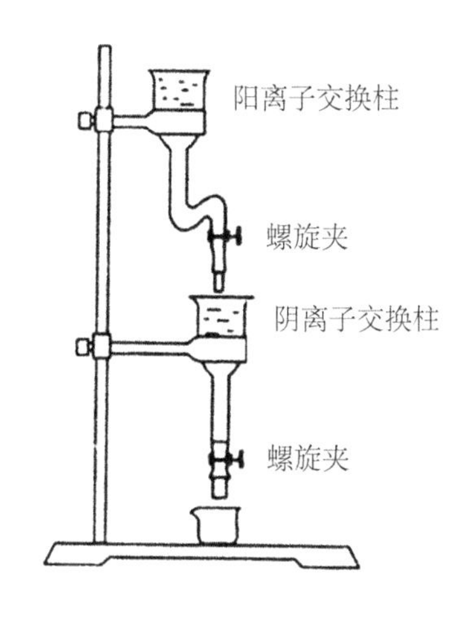

图 5-2

(2) SO_4^{2-} 离子：用 $BaCl_2$ 溶液鉴定。

(3) Mg^{2+}离子：在 pH 值为 8~11 的溶液中，用铬黑 T 检验 Mg^{2+}离子。若无 Mg^{2+}离子，溶液呈蓝色；若有 Mg^{2+}离子存在，则与铬黑 T 形成酒红色的配合物。

(4) Ca^{2+}离子：在 pH>12 的溶液中，用钙指示剂检验 Ca^{2+}离子。若无 Ca^{2+}离子存在溶液呈蓝色；若有 Ca^{2+}离子存在，则与钙指示剂形成红色配合物(在此 pH 值条件下，Mg^{2+}离子已生成氢氧化物沉淀，不干扰 Ca^{2+}离子的鉴定)。

三、仪器与试剂

1. 仪器

电导率仪、微型烧杯、离子交换柱(2 根)、阳离子交换树脂、阴离子交换树脂、滤纸、pH 试纸。

2. 试剂

HNO_3 (1mol/L)、NaOH (2mol/L)、$NH_3 \cdot H_2O$ (2mol/L)、$AgNO_3$

(0.1mol/L)、$BaCl_2$(1mol/L)、铬黑 T(固体)、钙指示剂(固体)。

四、实验步骤

1. 离子交换装置的制作

离子交换装置由两根离子交换柱串联组成。上面一根柱子中装阳离子交换树脂，下面一根柱子中装阴离子交换树脂。柱子底部垫有玻璃纤维，以防止树脂颗粒掉出柱外。

用烧杯将离子交换树脂装入柱内，一直填满到离柱口大约 2cm 处。在装填过程中一定要填实，不能让柱子内部出现空洞或者气泡，出现以上情况可以拿玻璃棒伸入树脂内部捣实。

最后加水封住离子交换树脂，以避免接触空气。

装置的流程为：自来水→阳离子交换柱→阴离子交换柱→去离子水。

2. 去离子水的制备

将自来水加入阳离子交换柱上端的开口(注意：在实验过程中，要随时补充自来水，以防止树脂干涸，水位要求能堵住树脂表面)。调节螺旋夹，使得流出液的速度为 15~20 滴/min，并流过阴离子交换柱，而且要保持上下柱子液体流速一致。

用烧杯在阴离子交换柱下承接大约 15mL 流出液后，用微型烧杯收集水样至满，再进行检验。

实验结束后将上下两个螺旋夹旋紧，并把两个柱子内加满水。

3. 水质的检验

对自来水和制备得到的去离子水分别进行如下检测，将实验结果填写在表格当中。

(1)电导率的测定：每次测定前，都要先后用蒸馏水和待测水样冲洗电导电极，并用滤纸吸干，再将电极浸入水样中，务必保证电极头的铂片完全被水浸没，然后待读数稳定后读取电导率。

(2)离子的定性检验：Ca^{2+}离子：取水样 1mL，加入 1 滴 2mol/LNaOH 溶液，再加入少许钙指示剂，观测溶液颜色。

Mg^{2+}离子：取水样 1mL，加入 1 滴 2mol/L 氨水，再加入少许铬黑 T，观察溶液颜色。

SO_4^{2-} 离子和 Cl^- 离子：自己设计检验方案。

在这几组方案中，为了使实验现象更明显和便于比较，应当采取对照的方法。如检验 Ca^{2+} 离子时，将 2 支试管内分别装入自来水和去离子水，然后按实验步骤进行，观察比较 2 支试管内的颜色。

4. 实验记录

将实验观察到的现象记录到如表 5-4 所示的记录表中。

表 5-4　　**实验现象记录表**

测试水样	电导率（$\mu S/cm^{-1}$）	检验现象			
		Ca^{2+} 离子	Mg^{2+} 离子	SO_4^{2-} 离子	Cl^- 离子
自来水					
制得的去离子水					

结论：____。

五、注意事项

(1) 柱子的填装要紧密，不能出现缝隙、断层等现象。

(2) 制备过程中要密切关注水流速度，随时补充水，不能让树脂干涸，否则影响实验效果。

(3) 实验完后树脂不能丢弃，可以再生重复使用。

◎ 思考题

1. 写出离子交换树脂再生的有关方程式。
2. 为什么要先让流出液流出 15mL 以后，才能开始收集产品检验？
3. 实验中为什么要用微型的烧杯收集流出液？
4. 列举出至少 3 种不能用离子交换法去除的水中杂质。
5. 现有下列无色、浓度均为 0.01mol/L 的葡萄糖溶液、氯化钠溶液、醋酸溶液和硫酸钠溶液，能否用测量电导率的方法进行区别？
6. 需制备的水为什么先经过阳离子交换树脂处理，再经过阴离子交换树脂处理？如果反过来会如何？

第六部分　电泳分离法

带电悬浮颗粒或大分子在一定介质中因电场作用而发生位移运动的物理化学现象称为电泳。颗粒或大分子的迁移速率取决于电势差、颗粒带电量和颗粒大小、形状。20世纪三四十年代，瑞典化学家A. W. K. Tiselius建立了移动界面电泳，运用电泳成功分离血清蛋白，并获得1948年诺贝尔化学奖，开创了电泳技术的新纪元。后来相继发展了多种基于抗对流介质的电泳技术(如纸电泳、凝胶电泳、膜电泳等)。传统的电泳技术由于受到焦耳热的限制，只能在低电场强度下进行电泳操作，分离时间长，效率低。1981年，J. W. Jorgenson和K. D. Lukacs用75μm的玻璃毛细管为分离通道，用电迁移法窄带进样，选用合适的样品，用灵敏的荧光检测器，达到了快速高效分离且峰形对称，每米理论塔板数超过40万。该研究在实验上和理论上为毛细管电泳的发展奠定了基础。本部分共选编了3个实验。实验23：醋酸纤维薄膜电泳分离血清蛋白质，让学生了解醋酸纤维薄膜电泳的原理，掌握醋酸纤维薄膜电泳分离血清蛋白质的技术。实验24：聚丙烯酰胺凝胶电泳分离蛋白质，让学生掌握凝胶电泳分离的原理，了解并掌握垂直板凝胶电泳的实验方法。实验25：毛细管区带电泳分离硝基苯酚异构体，让学生掌握毛细管电泳的基本原理、特点和应用。

实验 23　醋酸纤维薄膜电泳分离血清蛋白质

一、实验目的

(1)学习醋酸纤维薄膜电泳原理；
(2)掌握醋酸纤维薄膜电泳分离血清蛋白质的技术。

二、实验原理

蛋白质是两性电解质，在 pH 值小于其等电点的溶液中，蛋白质为正离子，在电场中向阴极移动；在 pH 值大于其等电点的溶液中，蛋白质为负离子，在电场中向阳极移动。血清中含有数种蛋白质，它们所具有的可解离基团不同，在同一 pH 值的溶液中，所带净电荷不同，故可利用电泳法将它们分离。

血清中含有白蛋白、α-球蛋白、β-球蛋白、γ-球蛋白等，各种蛋白质由氨基酸组成，其立体构象、相对分子质量、等电点及形状不同，在电场中迁移速度各不相同。由表 6-1 可知，血清中 5 种蛋白质的等电点大部分低于 pH 7.0，所以在 pH 8.6 的缓冲液中，它们都电离成负离子，在电场中向阳极移动。

表 6-1　　蛋白质及其相关参数

蛋白质名称	等电点	相对分子质量
白蛋白	4.88	69000
α-1-球蛋白	5.06	200000

续表

蛋白质名称	等电点	相对分子质量
α-2-球蛋白	5.06	300000
β-球蛋白	5.12	90000~150000
γ-球蛋白	6.85~7.50	156000~300000

在一定范围内，蛋白质的含量与结合的染料量成正比，故可将蛋白质区带剪下，分别用0.4mol/L NaOH溶液浸洗下来，进行比色，测定其相对含量。也可以将染色后的薄膜直接用光度计扫描，测定其相对含量。肾病、弥漫性肝损害、肝硬化、原发性肝癌、多发性骨髓瘤、慢性炎症、妊娠等都可以使人体白蛋白含量下降；肾病时，α-1-球蛋白、α-2-球蛋白、β-球蛋白含量升高，γ-球蛋白降低；肝硬化时，α-2-球蛋白、β-球蛋白含量降低，而α-1-球蛋白、γ-球蛋白含量升高，因此检测各种蛋白的含量有助于疾病的诊断。本实验只将各种蛋白分离，不做定量分析。

三、仪器与试剂

1. 仪器

醋酸纤维薄膜(2cm×8cm，厚度120μm)；烧杯及培养皿数只；点样器；竹镊子；玻璃棒；电吹风；试管6支；恒温水浴锅；电泳槽；直流稳压电泳仪；剪刀等。

2. 试剂

洗脱液：0.4mol/L NaOH；染色液(可重复使用，使用后回收)：氨基黑10B 0.5g，蒸馏水40mL，甲醇50mL，冰醋酸10mL；漂洗液(100mL每组)：95%乙醇45mL，冰醋酸5mL，水50mL；透明液(20mL每组)：无水乙醇：冰醋酸=7：3；巴比妥-巴比妥钠缓冲液：取两个大烧杯，分别称取巴比妥钠和巴比妥溶解于500mL蒸馏水中；健康人血清(新鲜，无溶血现象，也可使用猪、牛、马等其他动物的血清)。

四、实验步骤

1. 薄膜浸泡

提前将醋酸纤维薄膜放入缓冲液中浸泡 30min 以上。

2. 电泳仪检查

水平检查，电源检查。

3. 电泳槽的准备

在两个电极槽中，各倒入等体积的电极缓冲液。将滤纸条对折，翻过来，用电极缓冲液完全浸湿，架在电泳槽的四个膜支架上，使滤纸一端的长边与支架前沿对齐，另一端浸入电极缓冲液内。用玻璃棒轻轻挤压在膜支架上的滤纸以驱逐气泡，使滤纸的一端能紧贴在膜支架上。滤纸条是两个电极槽联系醋酸纤维素薄膜的桥梁，故称为滤纸桥。

4. 点样

取新鲜血清于载玻片上，将盖玻片掰成适宜大小，使一边小于薄膜宽度。把浸泡好的可用的醋酸纤维素薄膜取出，用滤纸吸去表面多余的液体，然后平铺在滤纸上，将盖玻片在血清中轻轻划一下，再在膜条一端 1. 5~2cm 处轻轻地水平落下并迅速提起，即在膜条上点上了细条状的血清样品，呈淡黄色。

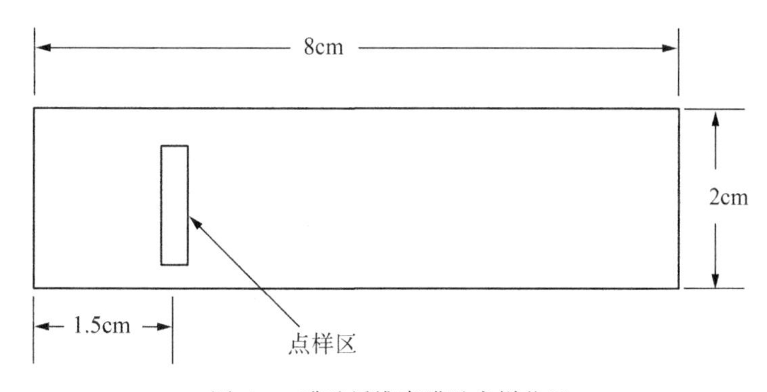

图 6-1　醋酸纤维素膜及点样位置

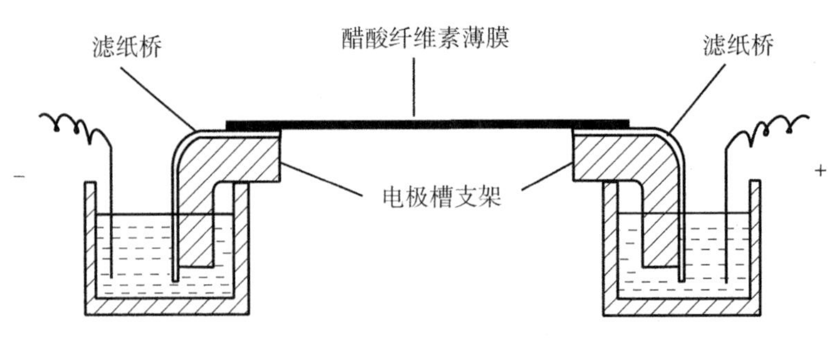

图 6-2　醋酸纤维素薄膜电泳装置图

5. 电泳

用镊子将点样端的薄膜平贴在阴极电泳槽支架的滤纸桥上(点样面朝下)、另一端平贴在阳极端支架上，用镊子将其中气泡赶出。要求薄膜紧贴滤纸桥并绷直，中间不能下垂。盖上电泳槽盖。接好电路，调节电压到 90 V，预电泳 10min，再调电压至 110 V，电泳时间 50min～1h。

6. 染色

将染液倒入大培养皿中，电泳完毕立即用镊子取出薄膜，直接浸入染色液中，染色 9min，然后取出。

7. 漂洗

配制好漂洗液，将染色完毕的薄膜自染液中取出，直接放入漂洗液中，连续更换几次漂洗液，直到薄膜背景几乎无色为止。

8. 透明

配制好透明液，用镊子将薄膜取出，贴在容器壁上(烧杯壁或培养皿上等)，注意不可有气泡，用吹风机稍吹干薄膜，用胶头滴管淋洗薄膜，将每组 20mL 透明液淋洗完即可，再用吹风机将薄膜彻底吹干，此时薄膜透明，小心将薄膜自容器壁上取下。

9. 观察结果

染色后的薄膜上可显现清楚的五条区带。从正极端起，依次为清蛋白、α-1-球蛋白、α-2-球蛋白、β-球蛋白和 γ-球蛋白。

五、注意事项

(1)点样应细窄、均匀、集中。点样量不宜过多，点样位置要合适。

(2)两电泳槽内缓冲液面应在同一水平面，否则会因虹吸影响电泳效果。

(3)醋酸纤维素薄膜一定要充分浸透后才能点样。点样后电泳槽一定要密闭。

(4)电流不宜过大，以防止薄膜干燥，电泳图谱出现条痕。

◎ 思考题

1. 指出醋酸纤维薄膜用作电泳的支持物有何优点?

2. 为什么将血清样品点在滤纸条的负极端而不是正极端?

3. 有些电泳带参差不齐并且个别电泳带的两条带之间界限不明显，可能的原因有哪些?

实验 24　聚丙烯酰胺凝胶电泳分离蛋白质

一、实验目的

(1)掌握凝胶电泳分离的原理；

(2)了解并掌握垂直板凝胶电泳的实验方法。

二、实验原理

聚丙烯酰胺凝胶垂直板电泳是以聚丙烯酰胺凝胶作支持物的一种区带电泳，由于此种凝胶具有分子筛的性质，所以本法对样品的分离作用，不仅决定于样品中各组分所带净电荷的多少，也与分子的大小有关。另外，聚丙烯酰胺凝胶电泳还有一种独特的浓缩效应，即在电泳开始阶段，由于不连续 pH 值梯度的作用，将样品压缩成一条狭窄区带，从而提高了分离效果。

聚丙烯酰胺凝胶具有网状立体结构，很少带有离子的侧基，惰性好，电泳时电渗作用小，几乎无吸附作用，对热稳定，呈透明状，易于观察结果。

聚丙烯酰胺凝胶是由单体丙烯酰胺(简称 Acr)和交联剂亚甲基双丙烯酰胺(简称 Bis)在催化剂的作用下，通过聚合反应交联而成的含有酰胺基侧链的脂肪族大分子化合物。

三、仪器与试剂

1. 仪器

电泳仪、垂直平板电泳槽、微量注射器、灯泡瓶、移液器、染色与脱色缸、量筒、滴管。

2. 试剂

丙烯酰胺（单体，Acr）；1% 琼脂；N，N，N′，N′-四甲基乙二胺（TEMED）；N，N′-亚甲基双丙烯酰胺（交联剂，Bis）；过硫酸铵（聚合时的催化剂）；0.05%溴酚蓝；20%甘油；7%乙酸；1mol/L HCl。

试剂 A（pH=8.9）：将 36.6g 三羟甲基氨基甲烷（Tris）和 48mL 1mol/L HCl 混合，加水至 100mL。

试剂 B（pH = 6.7）：将 5.98g Tris 和 48mL 1mol/L HCl 混合，加水至 100mL。

电极缓冲液：6.0gTris 和 28.8g 甘氨酸混合，加水至 1000mL，用时稀释 10 倍。

蛋白样品：人或动物血清。

四、实验步骤

1. 垂直平板电泳槽的安装

先把垂直平板电泳槽和两块玻璃板洗净，晾干。通过硅胶带将两块玻璃板紧贴于电泳槽（玻璃板之间留有空隙），两边用夹子夹住。将 1%琼脂糖融化，冷却至 50℃左右，用吸管吸取热的 1%琼脂糖沿电泳槽的两边条内侧加入电泳槽的底槽中，封住缝隙，冷后琼脂糖凝固，待用。

2. 凝胶的制备

（1）分离胶的制备：称取 Aer 3.2g、Bis 16mg、过硫酸铵 16mg 一起置于灯泡瓶中，然后加入试剂 A 2mL、水 14mL，摇匀，使其溶解，然后用真空泵抽气 10min，以防止分离胶中的氧气妨碍胶的聚合，随后再加 TEMED 2 滴（滴管内径小于 2mm），混匀。用吸管吸取分离胶，沿壁加入垂直平板电泳槽中，直至胶液的高度达电泳槽高度的 2/3 左右。上面再覆盖一层水或正丁醇（防止氧气扩散进入凝胶抑制聚合），室温下静置约 1h 即可聚合完成。

（2）浓缩胶的制备：称取 Acr 0.12g、Bis 6mg、过硫酸铵 16mg，移取试剂 B 0.4mL、水 2.8mL，摇匀后抽气 10min，加 TEMED 1 滴，混匀。用吸管吸取浓缩胶加到分离胶的上面，直至胶的高度为 1.5cm，这时将梳子插入，注意梳齿边缘不能带入气泡，室温下静置0.5～1h即可聚合。观察到梳子附近凝胶中呈现光线折射的波纹时，浓缩胶即凝聚完成。将梳子拉出后，用电极缓冲液冲洗梳孔。

(3)加样：用微量注射器分别吸取10mg/L的标准蛋白样品50μL，上面加20%甘油1滴、溴酚蓝指示剂1滴，再用滴管小心加入少量电极缓冲液使之充满梳孔。

(4)电泳：将电极缓冲液分别倒入上下电泳槽，接通电源，调节电压为300 V，待溴酚蓝移至凝胶底部1～1.5cm时，切断电源。

(5)染色：将凝胶从玻璃板上取下，放入染色缸中染色20～30min，然后放入7%乙酸中脱色至背景脱尽为止。

(6)鉴定：根据染色所出现的区带，分析样品的纯度。

五、注意事项

(1)制胶过程中用正丁醇封住胶面是为了阻止空气中的氧气对凝胶聚合的抑制作用。

(2)本法也适合于其他生物样品中蛋白质的分析。上样量不宜过大，否则会出现过载现象。

(3)Acr和Bis有神经毒性，可经皮肤、呼吸道等吸收，故操作时要注意防护。

(4)丙烯酰胺有毒，应避免与皮肤直接接触。

◎ 思考题

1. 聚丙烯酰胺凝胶垂直平板电泳中应注意哪些问题？

2. 丙烯酰胺分离胶如果很长时间都不聚合或只有小部分聚合，分析可能有哪些原因？

3. 凝胶电泳分离的原理是什么？

实验25　毛细管区带电泳分离硝基苯酚异构体

一、实验目的

(1)掌握毛细管电泳的基本原理;
(2)了解毛细管电泳仪的构造,并基本掌握其操作技术;
(3)了解毛细管电泳分离的主要操作参数;
(4)运用毛细管区带电泳分离硝基苯酚异构体。

二、实验原理

毛细管电泳是以高压电场为驱动力,以毛细管为分离通道,依据样品中各组分之间电泳淌度或分配行为的差异而实现液相分离分析的新技术。该仪器装置由高压直流电源、进样装置、毛细管、检测器和两个供毛细管插入而又与电源电极相连的缓冲液储瓶组成,如图6-3所示。

毛细管区带电泳(CZE)是毛细管电泳中最基本的操作模式。在多数水溶液中,石英(或玻璃)毛细管表面因硅羟基解离会产生负电荷,产生指向负极的电渗流。在毛细管中电渗速度可比电泳速度大一个数量级,所以能实现样品组分同向泳动。正离子的运动方向和电渗流一致,因此它应最先流出。中性分子与电渗流同速,随电渗流而行。负离子因其运动方向和电渗流相反,在中性粒子之后流出。

硝基苯酚具有弱酸性,其邻、间、对位异构体由于 pK_a 值不同,在一定pH值的缓冲溶液中电离程度不同。因此它们在毛细管电泳分离过程中表现出不同的迁移速度,从而实现分离。

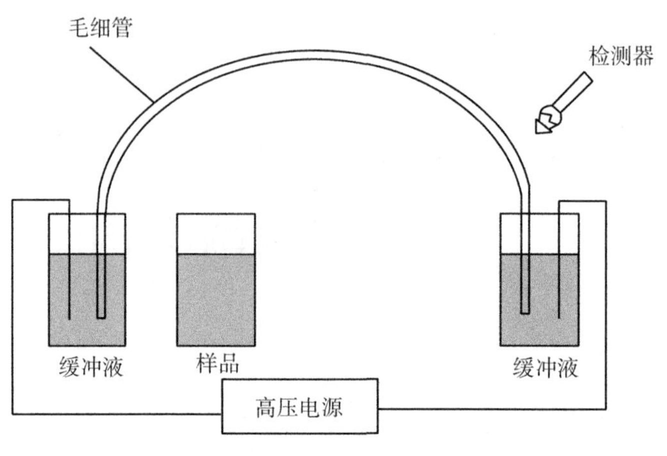

图 6-3　毛细管电泳示意图

三、仪器与试剂

1. 仪器

高效毛细管电泳仪；色谱工作站；未涂层石英毛细管(50μm 内径，总长 56cm，有效长度 48cm)。

2. 试剂

缓冲溶液：用二次蒸馏水配制 20mmol/L 磷酸二氢钾溶液，用磷酸调节 pH 值为 7. 0；取 95mL 该溶液并加入 5. 0mL 甲醇，混合后作为背景电解质溶液；邻硝基苯酚、间硝基苯酚、对硝基苯酚的甲醛溶液(浓度约为0. 2mg/mL)及其混合溶液，各溶液超声脱气后使用。

四、实验步骤

1. 仪器准备

打开毛细管电泳仪，预热至检测器输出信号稳定，并打开计算机相关软件。对仪器进行参数设置：

(1)毛细管：直径 50μm，总长 60cm，有效长度 52cm；

(2)重力进样时间：5s(进样高度 7.5cm)；

(3)分析电压：20kV；

(4)紫外检测波长：254nm；

(5)实验温度：室温。

2. 样品分离

在每次分离之前，毛细管依次用 1.0mol/L 盐酸溶液、二次蒸馏水、1.0mol/L氢氧化钠溶液、二次蒸馏水各冲洗 8min，然后用缓冲溶液冲洗 8min。两次运行间用缓冲溶液冲洗 4min，四次运行后毛细管再次用上面的方法冲洗。

分别对样品溶液及标准溶液进样分析，确定组分的迁移时间。

改变分离电压为 15kV、25kV，考察分离电压对组分迁移时间的影响。

实验完毕后，关闭仪器电源，并将毛细管冲洗干净。

3. 结果处理

记录组分在不同分离电压下的迁移时间，并计算各组分电泳淌度，根据分离图谱计算组分之间的分离度。

五、注意事项

(1)冲洗毛细管时禁止在毛细管上加电压；不允许更改给定的工作电压，也不建议改变进样时间。

(2)冲洗毛细管对于实验结果的可靠性和重现性至关重要，务必认真完成每一次冲洗，不允许缩短冲洗时间或者不冲洗。

(3)做完实验以后一定要用水冲洗毛细管，一天做完以后要用空气吹干，否则可能会导致毛细管堵塞，严重影响后面组的同学实验，希望引起足够的重视。

(4)样品管里面如果产生气泡，轻敲管壁排出气泡以后方可放入托管架。

◎ 思考题

1. 实验完毕后，为什么必须及时将毛细管冲洗干净？

2. 毛细管电泳除了最基本的操作模式区带电泳(CZE)外，还有哪些操作模式？

3. 实验中有哪些因素可以影响组分之间的分离度？有哪些因素可以改变组分的迁移时间？

第七部分　泡沫浮选分离法

表面活性剂在水溶液中易被吸附到气泡的气-液界面上。表面活性剂极性的一端向着水相，非极性的一端向着气相。含有待分离的离子、分子的水溶液中的表面活性剂的极性端与水相中的离子或其极性分子通过物理(如静电引力)或化学(如配位反应)作用连接在一起。当通入气泡时，表面活性剂就将这些物质连在一起定向排列在气-液界面，被气泡带到液面，形成泡沫层，从而达到分离的目的，此为泡沫浮选分离法。按作用机理分为三类：离子浮选法、共沉淀浮选法、溶剂浮选法。此部分共选编了两个实验。实验26：离子浮选法分离铬，让学生掌握泡沫浮选法的原理，了解影响离子浮选效果的因素，学会自制简易浮选装置。实验27：溶剂浮选法分离精氨酸，让学生掌握溶剂浮选法的原理，了解影响浮选效果的因素。

实验 26　离子浮选法分离铬

一、实验目的

(1)掌握泡沫浮选法的原理；

(2)了解影响离子浮选效果的因素；

(3)学会自制简易浮选装置；

(4)学会水样中铬的测定方法和步骤。

二、实验原理

泡沫吸附分离技术是根据表面吸附的原理，向溶液鼓泡并形成泡沫层，由于吸附着重金属离子的表面活性物质聚集在泡沫层内，故将此泡沫层与液相主体分离，就可以达到浓缩表面活性物质或净化液相主体的目的。十二烷基硫酸钠(简称 SDS)作为阴离子表面活性剂，使上浮的气泡表面带上负电荷，带正电荷的 Cr^{3+} 可以被吸附在气泡表面而被浮选。

浮选后残液中的 Cr^{3+} 分析原理：在酸性溶液中，三价铬被高锰酸钾氧化为六价铬，六价铬与二苯碳酰二肼反应生成紫红色化合物，可在 540nm 波长处进行比色测定。

三、仪器、装置与试剂

1. 仪器与装置

紫外-可见分光光度计、pH 计、各种相关玻璃仪器等。自制泡沫浮选装置如图 7-1 所示。

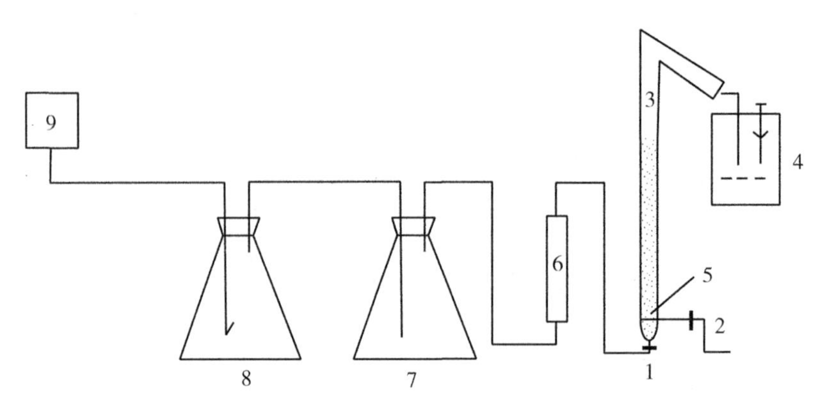

1—控制阀；2—取样阀；3—泡沫塔；4—泡沫收集器；5—气体分布器；
6—气体流量计；7—缓冲器；8—增湿器；9—气泵

图 7-1 泡沫浮选装置

2. 试剂

Cr^{3+}浓度为20mg/L的样品溶液、十二烷基硫酸钠(SDS)、6mol/L氢氧化钠溶液、浓硝酸、(1+1)硫酸、(1+1)氨水、(1+1)磷酸、40g/L高锰酸钾、200g/L的尿素、20g/L的亚硝酸钠、显色剂、5.00mg/L的六价铬的标准溶液。

四、实验步骤

1. 标准曲线的绘制

分别取 5.00mg/L 的六价铬的标准溶液 0.00mL、0.20mL、0.50mL、1.00mL、2.00mL、4.00mL、8.00mL、10.00mL 于 50mL 的比色管中，加水稀释至50mL，分别加入2mL的显色剂，摇匀，放置10min后，于540nm的波长处，以1cm比色皿，以水做参比，测定吸光度，以吸光度 A 与浓度 C 的关系绘制标准曲线。

2. 熟悉装置和分离流程

实验在一自制的泡沫浮选塔中进行，装置如图 7-1 所示。该泡沫浮选塔由一段直的玻璃管及一段玻璃管弯头组成，塔柱内径为 40mm，塔高 1000mm，并设有 5 个控制阀门。实验过程中，气体由气泵提供，通过增湿器、缓冲器、流量计及控制阀经由泡沫浮选塔底部的气体分布器分散到塔中。泡沫相经泡沫浮选塔顶部的弯头溢出并进入收集器，在这里泡沫被立即破碎，收集破碎后的液体进行测量。

3. 浮选分离

将 500mLCr^{3+}的样品溶液，加入 50mg 十二烷基硫酸钠(SDS)作为表面活性剂，搅拌均匀，倒入泡沫浮选塔中，通入空气，调整气速保持恒定为 800mL/min，通气 15min 左右浮选结束。

4. 浮选效率的计算

从柱底部取样口取残液，装入玻璃瓶或塑料瓶中，加入 6mol/L 氢氧化钠溶液数滴，至 pH=8~9。取 50.00mL 水样于 150mL 锥形瓶中，加入 5mL 浓硝酸和 3mL(1+1)硫酸，再加入几粒玻璃珠，盖上表面皿，于电热板上加热蒸发至冒白烟。如果溶液仍有色，可补加 5mL 浓硝酸，继续加热至溶液澄清，冷却。另取 50.00mL 的蒸馏水进行同样的操作。

将上述溶液加水稀释至 150mL，用(1+1)氨水和(1+1)硫酸调节 pH 值至 6~8，加入 0.5mL(1+1)硫酸、0.5mL(1+1)磷酸，摇匀，加入 40g/L 高锰酸钾溶液 2 滴。如果溶液褪色，则再滴入高锰酸钾溶液 2 滴。保持溶液紫红色，加热煮沸至体积约为 20mL，取下冷却。加入 1mL 200g/L 的尿素溶液，摇匀，用滴管滴加 20g/L 的亚硝酸钠溶液，每加一滴充分摇匀，至高锰酸钾紫红色恰好褪去，稍停片刻，待溶液中气泡逸出，定量转移入 50mL 比色管中，定容。样品溶液也与制作标准曲线相同的操作，加入显色剂，放置 10min 后，比色测定。计算残液中的 Cr 含量，推算出浮选萃取效率。

五、注意事项

(1)浮选萃取过程中 pH 值是影响浮选效率的重要因素，因此要控制好 pH 值。

(2)由于铬的测定涉及较多溶液，请事先配置，但六价铬的标准溶液最好现配现用。

(3)由于各位同学的实验效果可能有较大的差异，即残液中铬的浓度大小可能相差较大，因而测定时视具体情况稀释或者浓缩。

◎ 思考题

1. 分析一下可能影响浮选效率的因素。
2. 浮选的原理是什么？
3. 本实验可否以氯化十四烷基二甲基卞基铵为表面活性剂？为什么？

◎ 附：部分试剂的配置

1. Cr^{3+}浓度为 20mg/L 的样品溶液

用 $Cr(NO_3)_3 \cdot 9H_2O$ 配制，通过滴加 NaOH 或 HCl 进行调节溶液至 pH = 5.5，并在其中加入适量 $Fe(NO_3)_3$，使得 Fe^{3+}浓度为 180mg/L。

2. (1+1)硫酸溶液

将硫酸(H_2SO_4，1.84g/mL，优级纯)缓缓加入同体积的水中，混匀。

3. (1+1)磷酸溶液

将磷酸(H_3PO_4，1.69g/mL，优级纯)加入同体积的水中，混匀。

4. 40g/L 高锰酸钾

称取高锰酸钾($KMnO_4$)4g，在加热和搅拌下溶于水，最后稀释到 100mL。

5. 200g/L 的尿素

称取尿素[$(NH_2)_2CO$]20g，溶于水并稀释至 100mL。

6. 20g/L 的亚硝酸钠

称取亚硝酸钠($NaNO_2$)2g，溶于水并稀释至 100mL。

7. 显色剂：二苯碳酰二肼、2g/L 的丙酮溶液

称取二苯碳酰二肼($C_{13}H_{14}N_4O$)0.2g，溶于 50mL 丙酮中，加水稀释至 100mL，摇匀。贮存于棕色瓶中，置于冰箱。色变深后，不能使用。

8. (1+1)氨水

氨水($NH_3 \cdot H_2O$，0.90g/L)与等体积水混合。

9. 5.00mg/L 的六价铬的标准溶液

称取于 110℃干燥 2h 的重铬酸钾($K_2Cr_2O_7$，优级纯)0.2829±0.0001g，用水溶解后，移入 1000mL 容量瓶中，用水稀释至标线，摇匀，此浓度为 0.1000g/L。吸取 25mL 置于 500mL 容量瓶中，用水稀释至标线，摇匀，此浓度为 5.00mg/L。使用当天配置，不能久置。

实验27　溶剂浮选法分离精氨酸

一、实验目的

(1)掌握溶剂浮选法的原理；

(2)了解影响浮选效果的因素；

(3)学会自制简易浮选装置。

二、实验原理

L-精氨酸等电点为10.76，在不同的pH值水溶液中可电离成A^{2+}、A^+和A^-共3种离子形式。当溶液处于小于等电点的某个pH值范围时，精氨酸以正一价阳离子A^+或正二价阳离子A^{2+}形式存在。阴离子表面活性剂十二烷基苯磺酸具有良好的起泡性能，同时也具有亲水基和疏水基，十二烷基苯磺酸在溶液中电离成$RC_6H_4SO_3^-$和H^+，亲水端的H^+与溶液中A^{2+}、A^+进行交换，A^{2+}、A^+与疏水端结合生成络合物。络合物被吸附在气泡上，随着气泡上浮形成泡沫，泡沫不断进入有机相，随着泡沫的破碎，泡沫中夹带的水分散在有机相中，与萃取剂二(2-乙基己基)磷酸(HL)(简称P_{204})发生萃取反应。P_{204}是一种弱酸，在有机相中主要以二聚体$(HL)_2$形式存在。在油、水两相界面处$(HL)_2$离解出阳离子，与进入有机相的A^{2+}和A^+生成萃取配合物。萃取结束过程中，阴离子表面活性剂$RC_6H_4SO_3H$随水不断回流进入水相，萃取配合物则留在有机相中。反萃时，反萃相的水溶液在酸性条件下反萃效果显著。A^{2+}和A^+被反萃进入水相，萃取剂$(HL)_2$留在有机相，可循环利用。

根据分配定律($m=C_{油}/C_{水}$)，在一定的条件下精氨酸在有机相和水相之间的分配系数是一个定值。由于泡沫夹带的水中精氨酸的浓度高，萃取达到平衡后，有机相中精氨酸浓度也高，所以达到较高的回收率时萃取剂的用量很少。

与传统的溶剂萃取法分离精氨酸相比，所用的有机溶剂大量减少，降低了成本。利用精氨酸中侧链胍基在碱性介质中与甲萘酚反应生成紫红色物质的特点，采用分光光度法分析 L-精氨酸浓度，在最大吸收波长 540nm 处测定吸光度，计算其浓度。

三、仪器、装置与试剂

1. 仪器与装置

752 紫外-可见分光光度计、PHS-25 型 pH 计。自制泡沫浮选装置如图 7-2 所示。

2. 试剂

L-精氨酸；十二烷基苯磺酸，为化学纯；二(2-乙基己基)磷酸、正庚烷等试剂，为分析纯；2%次溴酸钠、0. 02%甲萘酚、40%尿素、10%NaOH。

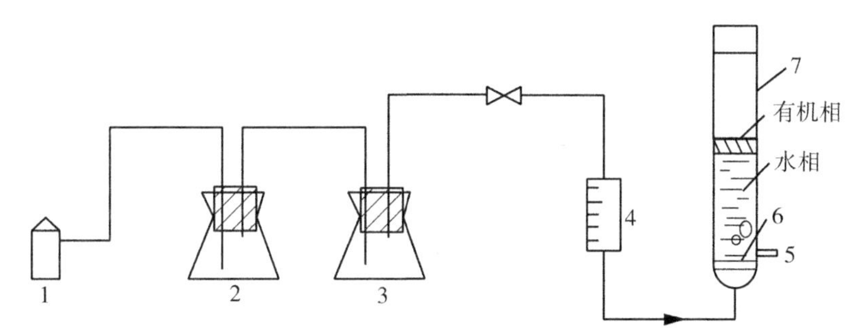

1—空气压缩机；2—润湿瓶；3—缓冲瓶；4—转子流量计；5—取样口；6—气体分布器；7—泡沫浮选萃取塔

图 7-2　泡沫浮选装置

四、实验步骤

1. 精氨酸的测定

(1)精氨酸标准溶液的配置：准确称取 0. 0025g 精氨酸，加水溶解，移入

100mL 容量瓶加水定容得 0. 025mg/mL 标准溶液。

(2)标准曲线的绘制：分别移取 0mL、0. 5mL、1. 0mL、1. 5mL、2. 0mL、2. 5mL 标准溶液于 6 个 25mL 容量瓶，分别加入 1mL 0. 02%甲萘酚、1mL 10% NaOH，加适量蒸馏水使每个容量瓶中液体总体积为 7. 5mL，摇匀，放入冰水浴中冷却至 10℃左右。再分别加入 0. 3mL 冷却的 2%次溴酸钠溶液，摇匀 5s 后，迅速加入 1mL40%的尿素溶液，摇匀加水定容，5min 之内分别在 540nm 处测定吸光度。以精氨酸浓度 *C* 为横坐标，以吸光度 *A* 为纵坐标绘制标准曲线。

2. 浮选萃取分离

在室温下(约 20℃)用自制的泡沫浮选萃取分离塔进行实验。该塔塔高 90. 0cm，内径 2. 5cm。将 250mL pH = 7 的 0. 09mg/mL 精氨酸水溶液，加入 37. 5mg 表面活性剂，搅拌均匀，静置 2h 后倒入泡沫浮选萃取塔中，然后加入约 15mL 体积分数为 30 %的浮选萃取剂 P_{204}(稀释剂：正庚烷)，通入空气，调整气速保持恒定为 200mL/min。通气 15min 左右，浮选萃取结束后静置分层。

3. 浮选效率的计算

从柱底部取样口取残液 1mL，按上述方法显色后测定吸光度，以标准曲线换算分析水相中精氨酸浓度，有机相中浮选萃取的精氨酸的量及浮选萃取效率通过物料平衡进行计算。

五、注意事项

(1)浮选萃取过程中 pH 值是影响萃取效率的重要因素，因此要控制好 pH 值。

(2)各个同学实验效果可能相差很大，因此最后在测定残液中的精氨酸浓度时，应根据具体情况取适当体积的残液或者稀释适当倍数再进行测定。

(3)在显色过程中，如条件控制不好，往往显色不正常，如橘红或橙黄，应以红色为正常显色。

(4)显色后定容在 5min 内进行测定，否则红色减退。

(5)加入显色剂次溴酸钠后摇荡 4～6s，迅速加入尿素，以破坏过量的次溴酸钠。

◎ 思考题

1. L-精氨酸能被浮选的原因是什么？
2. 分析一下可能影响浮选萃取效率的因素。

◎ 附：部分试剂的配置

1. 2%次溴酸钠

称 5.0g NaOH，加水溶解移入 100mL 容量瓶中，加水定容，摇匀吸取 0.7mL 再加入 0.7mL 溴摇匀，置于暗处冷藏，2 周内有效。

2. 0.02%甲萘酚

称 0.5000g 甲萘酚，加 95%乙醇溶解后，移入 50mL 容量瓶中，将烧杯用 95%乙醇冲洗后移入容量瓶中，最后用 95%乙醇定容为 1%溶液，暗处冷藏。

吸取 1%甲萘酚溶液 1mL 于 50mL 容量瓶中，加水定容，为 0.02%甲萘酚。

3. 40 %尿素

称 40g 尿素，加水溶解，移入 100mL 容量瓶中，加水定容。

4. 10%NaOH

称 10g NaOH，加水溶解，移入 10mL 容量瓶中，加水定容。

第八部分　膜分离法

如果在一个流体相内或两个流体相之间有一薄层凝聚相物质把流体分隔开来成为两部分，这一薄层物质就是膜。利用固相膜或液相膜的选择性透过作用而分离气体或液体混合物的过程就是膜分离过程。膜分离技术是指以外界能量或化学位差为推动力，依靠膜的选择性透过作用进行物质的分离、纯化与浓缩的一种技术。作为一种新兴的高效分离手段，膜分离技术被视为21世纪最有发展前途的高新技术之一。膜分离技术目前已被广泛应用于化工、食品、医药、生物技术、环保、电子、纺织、石油和能源工程等领域。膜分离过程的实质近似于筛分过程，是根据滤膜孔径大小使物质透过或被膜截留，从而达到物质分离的目的。常用的膜分离技术主要包括微滤、超滤、纳滤和反渗透等多种。此部分共选编了两个实验。实验28：纳滤(NF)膜分离制备优质饮用水，涉及纳滤膜分离技术。实验29：反渗透(RO)膜分离制备超纯水，涉及反渗透膜分离技术。

实验 28　纳滤(NF)膜分离制备优质饮用水

一、实验目的

(1)了解膜分离工艺的原理、设备及流程；
(2)掌握 NF 的适用范围和对象。

二、实验原理

纳滤膜的孔径范围介于反渗透膜和超滤膜之间。纳滤技术是从反渗透中派生出来的一种膜分离技术，是超低压反渗透技术的延续、发展和分支。一般认为，纳滤膜存在纳米级的细孔，可以截留 95%的最小分子约为 1nm 的物质。

纳滤膜的特点在于：较低的渗透压和较高的膜通透性，因此，可以节能；通过纳滤膜的渗透作用，可以去除多价的离子，保留部分低价的对人体有益的矿物离子。

为了防止被截留下来的其他离子越积越多而堵塞 NF 膜，采用动态的方法进行纳滤，即在进行纳滤的同时，利用一股液体流连续冲刷膜表面的截留物，以保持纳滤膜表面始终具有良好的通透性。因此，纳滤设备的出水有两股，一股为透过液(淡水，优质饮用水)，一股为截留液(浓水)。

通常，膜的性能是指膜的物化稳定性和膜的分离透过性。膜的物化稳定性的主要指标是：膜材料、膜允许使用的最高压力、温度范围、适用的 pH 值范围以及对有机溶剂等化学药品的抵抗性等。膜的分离透过性指在特定的溶液系统和操作条件下，脱盐率、产水流量和流量衰减指数。根据膜分离原理，温度、操作压力、给水水质、给水流量等因素将影响膜的分离性能。

实验采用 NaCl、$MgSO_4$溶液进行实验，用在线电导仪测定进水、“淡水”

和“浓水”的电导率变化，表示纳滤膜的处理效果。

三、仪器与试剂

1. 仪器

整套膜分离装置的四个单元共同安装在一个支架上，由微滤单元和反渗透单元组成设备的1/2(下一个实验介绍)，超滤单元和纳滤单元组成设备另外的1/2，如图8-1所示。

2. 试剂

去离子水；纳滤实验用水：500mg/L的NaCl溶液和1000mg/L的$MgSO_4$溶液各40 L，用去离子水配制。

四、实验步骤

1. 熟悉设备

根据工艺流程图结合实际的实验设备，仔细了解设备的管路连接、流通方向、取水样的位置、各个阀门的控制功能、各个压力表所指示的位置、电气控制箱中各控制开关所控制的对象、各显示仪表所对应的检测点。

2. 纳滤实验

纳滤实验的目的是检测纳滤膜对离子的截留作用，因此，可从在线电导仪上得到的数据来了解离子的截留情况。纳滤膜的淡水电导率应远低于进水的电导率，浓水的电导率略大于进水的电导率。

纳滤膜对离子的截留率计算可近似于：

$$\text{离子的截留率}=\frac{\text{进水电导率}-\text{淡水电导率}}{\text{进水电导率}}\times 100\%$$

通过NaCl和$MgSO_4$两种不同价态离子溶液的过滤实验，可以测定纳滤膜对一价和二价离子的截留特性。

由于进行纳滤实验时进水箱、出水箱之间是连通的，加之本实验设备的单位时间处理量较大，因此实验时的控制进水量的阀门可以开得大一些。

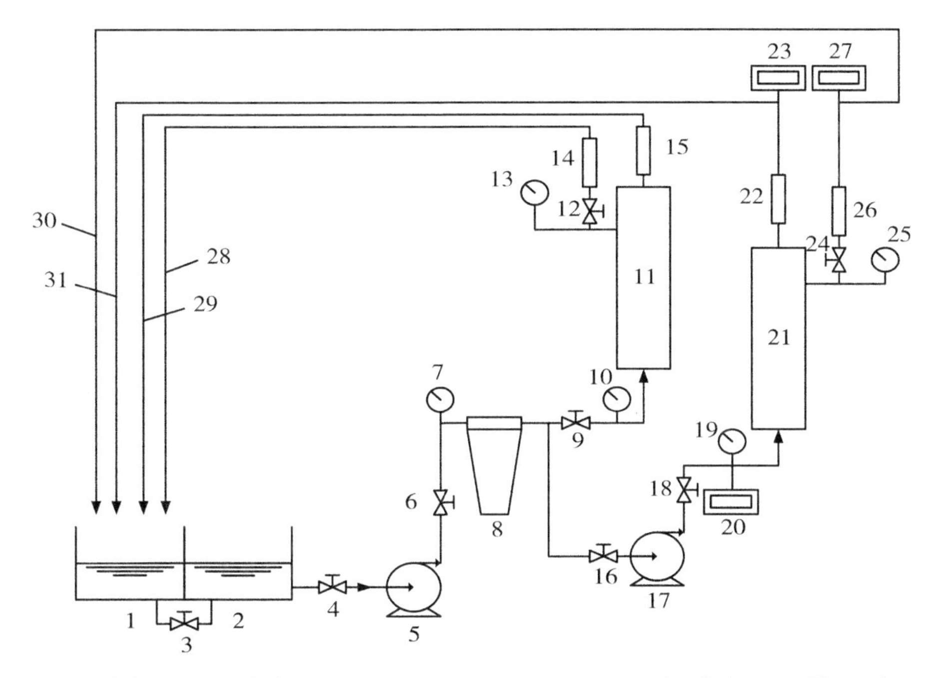

1—出水箱；2—进水箱；3、4、6、9、12、16、18、24—调节阀；5—增压泵；7、10、13、19、25—压力表；8—粗滤柱；11—超滤膜柱；14、15、22、26—流量计；17—纳滤高压泵；20、23、27—在线电导仪；21—纳滤膜柱；28—超滤浓水；29—超滤淡水；30—纳滤浓水；31—纳滤淡水

图 8-1　超滤和纳滤单元工艺流程图

具体操作步骤如下：

(1)打开增压泵的进水阀 4、出水阀 6(不要全开)，高压泵的进水阀 16、出水阀 18(不要全开)以及纳滤浓水阀 24(不要全开)。注意：这时的阀门 9 一定要关闭。

(2)在电器箱上，首先打开纳滤增压泵的电源，等纳滤浓水有水流出并完全排完空气(从浓水流量计观察，水中无气泡)后，开启纳滤高压泵的电源。这时，缓慢调节高压泵的出水阀 18 和纳滤浓水阀 24，使纳滤进水压力在 0.8 MPa(最高不得超过 1.0 MPa)，浓水流量在 600 L/h 左右(纳滤总流量尽量与反渗透实验总流量一致)，最后通过调节增压泵出水阀 6，使增压泵的出水压力在 0.08 MPa 左右。因为阀门 18 和阀门 24 的调节不易掌握，随意调动会引起总进膜流量和压力的变动，所以在上述两阀门调节好的情况下，一般不再调节，这样才能稳定纳滤膜的进水条件便于实验。

正常运行10min后，可直接读出纳滤产水和浓水的流量、纳滤进水、产水和浓水的电导值，它们的一组数据即可评价纳滤膜的除盐性能。

3. 膜清洗

实验结束后，应对纳滤膜进行清洗。

纳滤膜的清洗方法为：先排空盐液，向水箱中不断加入去离子水，同时将浓水移出水箱，循环清洗至原水电导达$10\mu s \cdot cm^{-1}$左右，清洗过程遵循低压大流量的原则。若一段时间不使用纳滤膜，应做好水封以防止其发霉长菌。

4. 数据记录与处理

记录每组实验下的水温、膜进出口压力、产水和浓水的流量，进水、产水、浓水的电导值，并计算淡水产率以及膜对盐的截留率。

$$跨膜压差=\frac{进口压力+出口压力}{2}$$

$$淡水产率=\frac{淡水流量}{进水流量}\times 100\%$$

$$进水流量=淡水流量+浓水流量$$

五、注意事项

(1)因为这一系列装置可做超滤和纳滤两种实验，首先明确是要做哪种实验，然后开启相对应支路上的阀门，关闭另一支路上的阀门，两个阀门只能有一个处于开启状态。因为实验室电压可能不足，不具备同时做两种实验的能力。

(2)纳滤膜的进水浊度有着严格的要求，所以用作实验材料的浊度严格控制在小于1°。并且每次使用前，必须将水箱清洗干净。

(3)启动泵前一定要灌泵。

◎ 思考题

1. 温度变化对膜分离实验有什么影响？
2. 进出水压力表读数有差别的原因？
3. 实验中如果压力过大或者流量过小会有什么后果？

4. 根据你的实验结果，判断纳滤可否去除水中所有的盐？能否用于海水的淡化？

5. 查找相关资料，根据你的实验数据判断纳滤能否用于生产优质饮用水？

实验 29　反渗透(RO)膜分离制备超纯水

一、实验目的

(1)进一步熟悉膜分离工艺的原理、设备及流程；
(2)掌握 RO 的适用范围和对象。

二、实验原理

反渗透膜的孔径为 0.1～1nm。反渗透技术是利用高压液体的高压作用，克服渗透膜的渗透压，使溶液中水分子逆方向渗透通过渗透膜到达离子浓度较低的一端，从而达到去除溶液中大部分离子的目的，如图 8-2 所示。

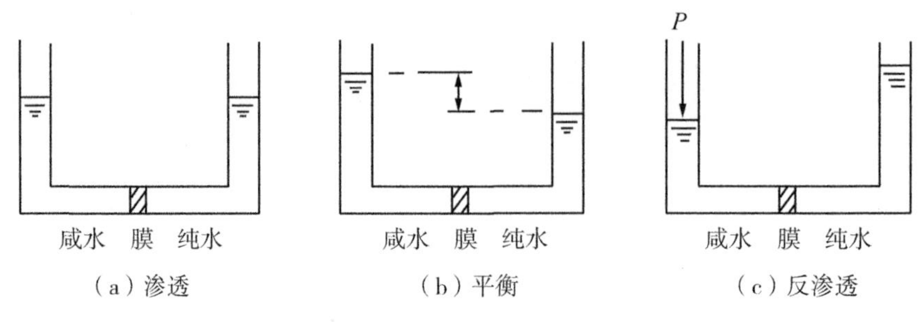

图 8-2　反渗透与渗透现象

为了防止被截留下来的其他离子越积越多而堵塞 RO 膜，往往采用动态的方法来进行反渗透，即在进行反渗透的同时，利用一股液体流连续冲刷膜表面的截留物，以保持反渗透膜表面始终具有良好的通透性。因此，反渗透设备的出水有两股，一股为透过液(淡水)，一股为截留液(浓水)。

实验采用 NaCl、$MgSO_4$溶液进行实验，用在线电导仪测定进水、“淡水”和“浓水”的电导率变化，表示反渗透膜的处理效果。

三、仪器与试剂

1. 仪器

整套膜分离装置的四个单元共同安装在一个支架上，由微滤单元和反渗透单元组成设备的 1/2(图 8-3 所示)，由超滤单元和纳滤单元组成设备另外的 1/2(实验 28 已经介绍)。

2. 试剂

去离子水；反渗透实验用水：500mg/L 的 NaCl 溶液和 1000mg/L 的 $MgSO_4$溶液各 40 L，用去离子水配制。

四、实验步骤

1. 熟悉设备

根据工艺流程图结合实际的实验设备，仔细了解设备的管路连接、流通方向、取水样的位置、各个阀门的控制功能、各个压力表所指示的位置、电气控制箱中各控制开关所控制的对象、各显示仪表所对应的检测点。

2. 反渗透实验

反渗透实验的目的是检验反渗透膜对离子的截留效果，可从在线电导仪上得到数据来了解离子的截留情况。反渗透膜的淡水电导率远低于浓水的电导率，浓水的电导率略大于进水的电导率。

由于电导率近似正比于离子浓度，因此反渗透膜对离子的截留率计算可近似于：

$$\text{离子的截留率}=\frac{\text{进水电导率}-\text{淡水电导率}}{\text{进水电导率}}\times 100\%$$

由于进行反渗透实验时进水箱、出水箱之间是连通的，加之本实验设备的

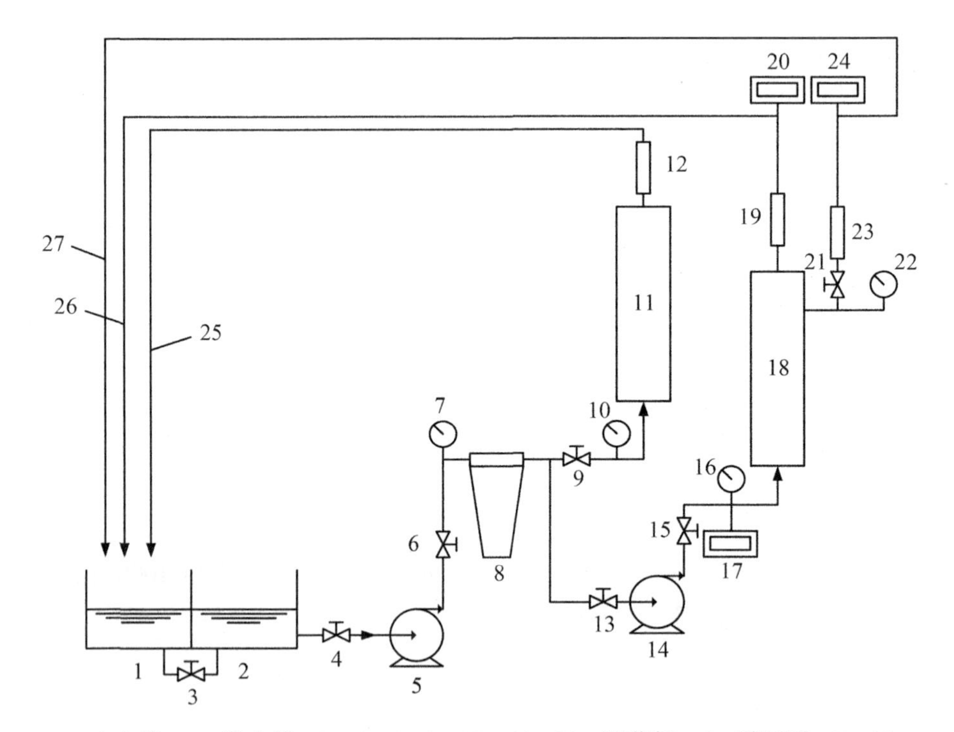

1—出水箱；2—进水箱；3、4、6、9、13、15、21—调节阀；5—增压泵；7、10、16、22—压力表；8—粗滤柱；11—超滤膜柱；12、19、23—流量计；14—反渗透高压泵；17、20、24—在线电导仪；18—反渗透膜柱；25—微滤出水；26—反渗透淡水；27—反渗透浓水

图 8-3 微滤和反渗透单元工艺流程图

单位时间处理量较大，因此实验时的进水量可以开得大一些。

具体操作步骤如下：

(1)打开增压泵的进水阀 4、出水阀 6(不要全开)，高压泵的进水阀 13、出水阀 15(不要全开)以及反渗透浓水阀 21(不要全开)。注意：这时的阀门 9 一定要关闭。

(2)在电器箱上，首先打开反渗透增压泵的电源，等反渗透浓水有水流出并完全排完空气(从浓水流量计观察，水中无气泡)后，开启反渗透高压泵的电源。这时，缓慢调节高压泵的出水阀 15 和反渗透浓水阀 21，使反渗透进水压力在 0.8 MPa(最高不得超过 1.0 MPa)，浓水流量在 600 L/h 左右，最后通过调节增压泵出水阀 6，使增压泵的出水压力在 0.08 MPa 左右。因为阀门 15

和阀门21的调节不易掌控，随意调动会引起总进膜流量和压力的变动，所以在上述两阀门调节好的情况下，一般不再调节，这样才能稳定反渗透膜的进水条件便于实验。

正常运行10min后，可直接读出反渗透产水和浓水的流量、反渗透进水、产水和浓水的电导值，它们的一组数据即可评价反渗透膜的除盐性能。

3. 膜清洗

实验结束后，应对反渗透膜进行清洗。

反渗透膜的清洗方法为：先排空盐液，向水箱中不断加入去离子水，同时将浓水移出水箱，循环清洗至原水电导达 $10\mu s\cdot cm^{-1}$ 左右，清洗过程遵循低压大流量的原则。若一段时间不使用反渗透膜，应做好水封以防止其发霉长菌。

4. 数据记录与处理

记录每组实验下的水温、膜进出口压力、产水和浓水的流量，进水、产水、浓水的电导值，并计算淡水产率以及膜对盐的截留率。

$$跨膜压差=\frac{进口压力+出口压力}{2}$$

$$淡水产率=\frac{淡水流量}{进水流量}\times 100\%$$

$$进水流量=淡水流量+浓水流量$$

五、注意事项

(1)因为这一系列装置可做微滤和反渗透两种实验，首先明确是要做哪种实验，然后开启相对应支路上的阀门，关闭另一支路上的阀门，两个阀门只能有一个处于开启状态。因为实验室电压可能不足，不具备同时做两种实验的能力。

(2)反渗透膜的进水浊度有着严格的要求，所以用作实验材料的浊度严格控制在小于1°。并且每次使用前，必须将水箱清洗干净。

(3)启动泵前一定要灌泵。

◎ 思考题

1. 与上一个实验的数据进行对比，说明反渗透膜与纳滤膜相比，哪个对一价离子和二价离子的截留效果更好？

2. 反渗透膜对二价离子的截留效果比对一价离子截留效果是更好还是更差？

第九部分　综合实验

综合实验指的是涉及两种及两种以上分离与富集方法的实验，此部分共选编了9个实验，主要是对前面实验的原理及方法进行巩固和运用。实验30：枸杞色素的提取与纯化，涉及回流提取、液液萃取等分离方法。实验31：茶叶咖啡因的提取与纯化，涉及索氏提取、蒸馏、升华等分离方法。实验32：八角茴香油的提取及GC-MS分析，涉及水蒸气蒸馏、气相色谱等分离方法。实验33：米糠多糖的提取与纯化，涉及微波法提取，膜分离等分离方法。实验34：八角莽草酸的提取与纯化，涉及超声波法提取、树脂柱层析等分离方法。实验35：番茄红素和β-胡萝卜素提取与分离，涉及溶剂回流提取、柱色谱、薄层色谱等分离方法。实验36：大豆磷脂酰胆碱的提取与精制，涉及溶剂提取、蒸馏等分离方法。实验37：大豆蛋白的制备，涉及溶剂提取分离法、沉淀分离法等。实验38：丁香挥发油的提取与分离，涉及水蒸气蒸馏、薄层色谱等分离方法。

实验 30　枸杞色素的提取与纯化

一、实验目的

(1)巩固回流提取的原理及装置的安装；

(2)巩固溶剂萃取分离原理、分液漏斗的使用及注意事项。

二、实验原理

枸杞子是茄科蔓生灌木植物的果实，营养价值丰富，有补肝肾、益精血、明目止渴的功效。目前在枸杞色素的产业化生产提取工艺中，效果较好的是有机溶剂浸提法。提取完成后，真空浓缩提取液，真空干燥后得到色素固形物1，计算粗提物提取率和纯度1。

$$\text{粗提物提取率}(\%)=\frac{\text{色素固形物 1 质量}}{\text{原料质量}}\times 100\%$$

$$\text{纯度 1}=\frac{\text{色素测得量 1}}{\text{色素固形物 1 质量}}\times 100\%$$

丙酮对枸杞色素有较好的溶解作用，因而可以选取丙酮作为提取枸杞色素的溶剂进行回流提取。利用氢氧化钠溶液的极性将枸杞粗色素中的水溶性杂质萃取到水溶液中，而其中的色素萃取到石油醚中，从而使粗色素得到纯化。将上层色素石油醚溶液浓缩至膏状，于真空干燥箱中干燥得色素固形物2，计算枸杞色素的回收率和纯度2。

$$\text{回收率}=\frac{\text{纯化后色素测得量 2}}{\text{纯化前色素测得量 1}}\times 100\%$$

$$\text{纯度 2}=\frac{\text{色素测得量 2}}{\text{色素固形物 2 质量}}\times 100\%$$

对比纯度 1 与纯度 2，评价纯化效果。

三、仪器、试剂与材料

1. 仪器

摇摆式高速旋转粉碎机、电子分析天平、紫外-可见分光光度计、旋转蒸发器、电热恒温鼓风干燥箱、电热恒温水浴锅、循环水真空泵、回流装置等玻璃仪器。

2. 试剂与材料

试剂：石油醚、丙酮、NaOH，均为分析纯。材料：枸杞、β-胡萝卜素标准品。

四、实验步骤

1. 标准曲线的绘制

精密称取 β-胡萝卜素标准品 5.1mg，用丙酮溶解并定容至 100mL，摇匀，制成标准品溶液；取 1mL 标准品溶液用丙酮定容至 10mL，摇匀。用丙酮做空白对照，在 200～600nm 波长范围内进行扫描，确定最大吸收峰(453nm 左右)。

分别用移液管以 0.1mL、0.2mL、0.3mL、0.4mL、0.5mL 量取标准品溶液于 10mL 容量瓶中，用丙酮定容至刻度，摇匀。在最大吸收波长处测其吸光度。以 β-胡萝卜素浓度 C 为横坐标，吸光度 A 为纵坐标，制作标准曲线，并进行线性拟合，求得线性回归方程。

2. 枸杞色素的提取

取干燥的枸杞，粉碎过 40～60 目筛。称量 20g 的枸杞粉于圆底烧瓶中，以 200mL 丙酮作为提取溶剂，采用冷凝回流的方法 55℃下提取 3 次，每次 30min，过滤、真空浓缩提取液，得到棕黄色油状浓缩液，真空干燥，得到枸杞色素粗提物，称重。

称取一定量粗提物，溶解于丙酮中，进行 β-胡萝卜素含量的测量，计算提取率、纯度。

3. 枸杞色素的纯化

将枸杞色素粗提物溶解于 25mL 丙酮中，转入分液漏斗中，加入 30mL 石油醚、20mL 8% NaOH 水溶液，震荡 5min，静止分层 2h，除去下层水相，收集上层溶液。将上层溶液浓缩至膏状，于真空干燥箱中干燥，称重，取少许进行 β-胡萝卜素含量的测量，计算枸杞色素的回收率和纯度。

五、注意事项

(1)注意枸杞粉末粒径不能太细，否则影响过滤速度。

(2)此法得到的枸杞色素纯度较低，20%左右，因而采用分光光度计测定吸光度时，注意待测液的浓度要合适。

◎ 思考题

1. 影响枸杞色素提取率的因素有哪些？怎样提高提取率？

2. 纯化中影响枸杞色素回收率的因素有哪些？

3. 根据数据处理结果，萃取分离法对枸杞色素纯化效果如何？还有哪些方法可以应用于枸杞色素的纯化？

实验 31　茶叶咖啡因的提取与纯化

一、实验目的

(1)学会运用多种物质分离与富集方法从茶叶中提取和纯化咖啡因；

(2)进一步巩固索氏提取有机物的原理和方法，学会以恒压漏斗代替索氏提取器组装提取装置；

(3)进一步熟悉和巩固蒸馏、升华等基本操作。

二、实验原理

咖啡因存在于茶叶和咖啡豆等多种植物组织中，为嘌呤族生物碱，有弱碱性。茶叶中约含有 1%~5%的咖啡因。茶叶中含有多种生物碱，其中以咖啡因(caffeine)为主。另外丹宁酸占 11%~12%，色素、纤维素、蛋白质等约占 0.6%。

咖啡因具有刺激心脏、兴奋大脑神经和利尿等作用，因此可用作中枢神经兴奋药，它也是复方阿司匹林(APC)等药物的组分之一。咖啡因为嘌呤的衍生物，其化学名称为 1，3，7-三甲基-2，6-二氧嘌呤。

咖啡因是弱碱性化合物，易溶于氯仿、乙醇、水及热苯等。含有结晶水的咖啡因是无色针状结晶，在 100℃时失去结晶水并开始升华，120℃时升华相当显著，178℃时升华很快。

为了提取茶叶中的咖啡因，可用适当的溶剂(如乙醇等)在索氏提取器中连续萃取，然后蒸去溶剂，即得咖啡因粗提物。咖啡因粗提物中还含有其他一些生物碱和杂质(如丹宁酸)等，可利用升华法进一步提纯。

三、仪器与装置、试剂与药品

1. 仪器与装置

电热套(酒精灯)、恒压漏斗、蒸馏仪器(套)、烧杯、蒸发皿、漏斗、棉花、滤纸等。装置如图 9-1 所示。

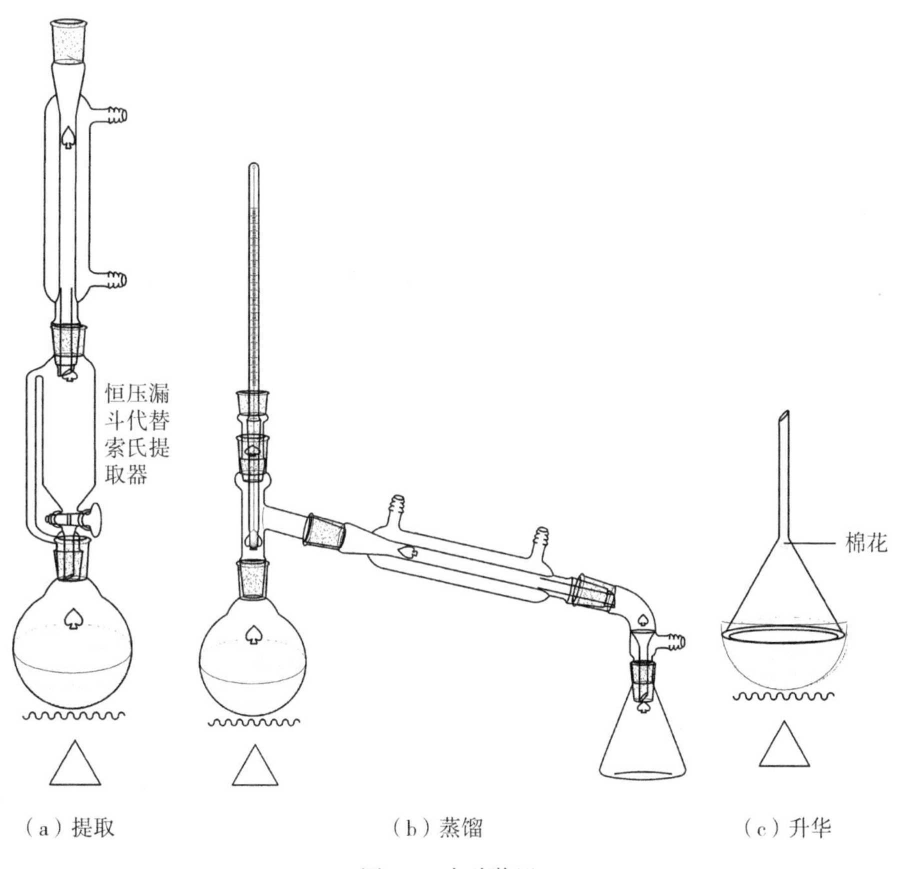

(a) 提取　　(b) 蒸馏　　(c) 升华

图 9-1　实验装置

2. 试剂与材料

95%乙醇、生石灰、茶叶。

四、实验步骤

1. 连续提取

称取8g茶叶，研细。检查恒压漏斗不漏水后，在其底部放一小纸片，然后将茶叶末放入恒压漏斗中。取60mL 95%乙醇于圆底烧瓶中作为提取溶剂，加入沸石，安装装置，加热回流连续萃取，直到提取液颜色较浅时为止(用时1.5~2h)。

2. 蒸馏浓缩

把提取装置改为蒸馏装置，蒸出大部分乙醇，使最终提取物剩下几毫升。

3. 加碱中和

趁热将残余物倾入蒸发皿中，拌入1.5~2g生石灰，使成糊状。蒸气浴加热，在不断搅拌下蒸干。

4. 焙炒除水

将蒸发皿放在石棉网上，压碎块状物，小火焙炒，除尽水分。

5. 升华

在滤纸上扎一些小孔，并用滤纸罩在蒸发皿上(孔刺朝下)，再罩上口径合适的玻璃漏斗(漏斗颈塞棉花)。小火加热升华，当滤纸上出现白色毛状结晶，发现有棕色烟雾时，暂停加热，冷却。揭开漏斗和滤纸，仔细地把附在纸上及器皿周围的咖啡因用小刀刮下。

6. 数据处理

称量所得的产物，计算提取率。允许学生尝一下产品(少量)。

五、注意事项

(1)回流过程中要不时旋转恒压漏斗活塞，以防止难以开启。

(2)浓缩萃取液时不可蒸得太干，以防转移损失，否则因残液很黏而难以转移，损失更大。

(3)拌入生石灰要均匀，生石灰的作用除吸水外，还可中和除去部分酸性杂质(如鞣酸)。

(4)升华过程中要控制好温度。温度太低，升华速度较慢；温度太高，易使产物发黄(分解)。

(5)刮下咖啡因时要小心操作，防止混入杂质。

◎ 思考题

1. 本实验综合了哪几种物质分离与富集的方法？
2. 怎样根据实验现象大致估计咖啡因已经提取完全？
3. 进行升华操作时，应注意什么？

实验 32　八角茴香油的提取及 GC-MS 分析

一、实验目的

(1)巩固香料知识、水蒸气提取天然香料的实验原理和方法；

(2)熟悉气相色谱质谱联用仪的原理与构造，学习气相色谱质谱联用仪的使用方法。

二、实验原理

八角茴香是木兰科八角属植物，是我国南方重要的“药食同源”的经济树种，主要分布在我国的广西、广东、云南等省。其干燥成熟果实含有芳香油5%~8%，有些甚至高达10%以上。芳香成分多数具有挥发性，可以随水蒸气逸出，而且冷凝后因其水溶性很低而易与水分离，因此水蒸气蒸馏是提取植物天然香料最为古老和应用最广的方法之一。但由于水蒸气蒸馏提取温度较高，某些芳香成分可能被破坏，香气或多或少地受到影响，所以由水蒸气蒸馏所得到的香料其留香性和抗氧化性一般较差。另外，水蒸气蒸馏提取植物芳香油能耗太大，因而目前已由其他更为经济的方法替代。

三、仪器与装置、试剂与材料

1. 仪器与装置

托盘天平、小刀、250mL 圆底烧瓶、恒压滴液漏斗、回流冷凝管、酒精灯或电加热套、锥形瓶等。装置如图 9-2 所示。

2. 试剂与材料

试剂：蒸馏水、无水硫酸镁等。材料：八角茴香、沸石。

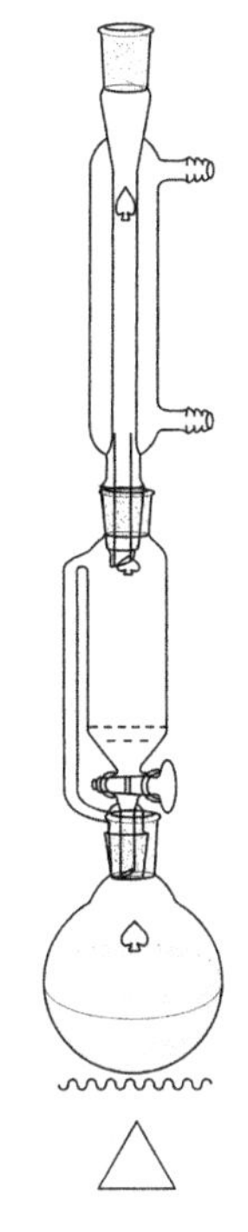

图 9-2　提取装置

四、实验步骤

1. 提取

干燥八角粉碎、过筛，秤取 60~80 目八角粉末 50g 加入 250mL 圆底烧瓶中，加水 100mL 和沸石 2~3 粒，在烧瓶上装上恒压滴液漏斗，漏斗上装回流冷凝管。将漏斗下端旋塞关闭，加热使烧瓶内的水保持较猛烈地沸腾，于是水蒸气夹带着八角茴香油蒸气沿着恒压漏斗的支管上升进入冷凝管。从冷凝管回流下来的冷凝水和八角茴香油被收集在恒压滴液漏斗中，冷凝液在恒压漏斗中分离成油、水两相。每隔适当的时间将漏斗下端旋塞拧开，把下层的水排入烧瓶中，八角茴香油则总是留在漏斗中。如此重复操作多次，经过 1.5~2h 后，降温，将漏斗内下层的水尽量分离出来，八角茴香油作为产物移入干燥的锥形瓶中。

2. 干燥

在锥形瓶中，加入 1g 无水硫酸镁，配上塞子，充分振摇后，放置 15min。收集产品，称重，保存。

3. GC-MS 分析

参考条件如下：GC 条件：Agilent Technologies 公司 GC 6890N-MS 5937 型气相色谱质谱联用仪；HP-5(30 m×0.25cm×0.25μm)，载气为氦气，柱流量 0.7mL/min，进样温度为 250℃；程序升温为从 50℃ 开始保持 4min，以 7℃/min升到 260℃后，保持 8min。MS 条件：EI 电源，电离电压 70 eV，电子源温度 230℃，扫描范围为 40~650 amu，进样量 0.5μL，分流比 100∶1。

4. 实验记录及数据处理

称重产品，计算提取率。根据 GC-MS 分析结果，得芳香油的总离子流图。

五、注意事项

(1)八角粉末不要加入过多，以免沸腾时八角粉末堵塞回流管颈。

(2)为节约时间和提高芳香油提取率，需要适当加大火力。有条件的话可以直接使用电加热套进行加热，效果更好。

(3)由于八角采收时间、产地不同，含油量相差很大，有时可能得到的产品很少而无法称重。

◎ 思考题

1. 根据 GC-MS 分析结果，八角茴香油的主要成分是什么？有哪些用途？
2. 分析影响芳香油提取率的因素有哪些？

实验 33　米糠多糖的提取与纯化

一、实验目的

(1)巩固微波辅助提取的原理与方法，掌握多糖的检测方法；
(2)学会使用膜分离技术纯化植物多糖。

二、实验原理

米糠为稻米加工的副产物，占稻米质量的 6%~7.5%。我国是稻米生产大国，米糠年产量约 2000 万吨，目前我国大部分的米糠仅当作动物饲料来使用，只有 20%左右的米糠用来提取油脂、蛋白质、谷维素等高附加值的产品，资源未得到充分利用。米糠中含有优质的蛋白质、脂肪、多糖、维生素、生育酚、谷维素、角鲨烯等多种生物活性物质。米糠多糖是一种结构复杂的杂聚多糖，主要由甘露糖、阿拉伯木聚糖、鼠李糖、葡聚糖等组成，具有降血压、降血糖、抗肿瘤、抗细菌感染和降低胆固醇等多种功能。微波具有穿透能力强、加热速度快的特点，加速有效成分由植物组织内部扩散至溶剂中。提取液通过微孔滤膜滤去大部分杂质，使得纯度进一步提高。本实验运用微波辅助技术结合膜分离技术提取纯化米糠多糖。

三、仪器、试剂与材料

1. 仪器

微波萃取仪、紫外-可见分光光度计、数显恒温水浴锅、膜分离设备等。

2. 试剂与材料

试剂：石油醚、苯酚、浓硫酸、葡萄糖、三氯乙酸、正丁醇等试剂均为国产分析纯。材料：米糠。

四、实验步骤

1. 标准曲线的制作

(1)溶液的配置：

①葡萄糖标准溶液：用电子分析天平精密称取 0.0810g 葡萄糖，溶解并定容至 50mL 比色管中，摇匀，得葡萄糖标准溶液。

②5%苯酚溶液：用电子分析天平称取 2.5000g 苯酚于 50mL 烧杯中溶解，并定容至 50mL 容量瓶中，配制得到 5%的苯酚溶液。

(2)标准曲线的制作：用移液管分别精密移取 0mL、0.4mL、0.6mL、0.8mL 和 1.0mL 葡萄糖标准溶液于 5 个 25mL 比色管中，然后分别移取 2.0mL、1.6mL、1.4mL、1.2mL 和 1.0mL 去离子水稀释至 2.0mL，再加入 5%苯酚溶液 1mL，快速加入浓硫酸 5mL，迅速摇匀，静置 20min 冷却至室温，以去离子水为空白，在波长为 490nm 处测定吸光度 A，以葡萄糖质量浓度 C 为横坐标，以吸光度 A 为纵坐标，绘制出一条标准曲线。

2. 米糠多糖的提取

新鲜米糠烘干、过筛，取 30g 60～80 目米糠作为提取原料。将米糠与石油醚按 1∶6 比例混合，浸泡 1min 脱脂，重复 2 次，过滤(或离心)后收集沉淀，水浴 50℃下挥发除去石油醚。将脱脂后的米糠与 300mL 蒸馏水混合，在微波功率为 500 W 下处理 5min，然后在 60℃的温度下浸提 60min，过滤(或离心)后得多糖粗提液(200～300mL)。加入 1/5 体积的 12%的三氯乙酸试剂，振荡 20min，过滤(或离心)后得多糖提取液 1。

3. 米糠多糖的纯化

多糖提取液经过脱蛋白处理后，仍然存在大量的大分子淀粉以及其他大分子杂质，需要用微滤膜进行进一步除杂纯化，以得到高纯度的米糠多糖。取 1/2 体积的上述提取液 1 进行膜分离，微滤膜的运行温度为 30～45℃，流速为

60 L/min，进口压力为 0.2 MPa，出口压力为 0.1 MPa，膜分离后得多糖提取液 2。

4. 纯度计算

剩余的提取液 1 和提取液 2 分别装于 2 个小烧杯，冷冻干燥得多糖产品 1 和多糖产品 2。分别称重，分别取少量并溶解至适当体积后，按实验步骤 1 中的方法测定吸光度并计算多糖纯度。对比多糖产品 1、2 的纯度，说明膜分离的纯化效果。

$$多糖纯度(\%)=\frac{多糖测得量}{多糖产品质量}\times 100\%$$

五、注意事项

(1) 微波时间不能太长，否则提取液成糊状难以离心或过滤。

(2) 如果没有专门的膜分离设备，可以采用微孔滤膜(0.45μm)代替滤纸进行减压过滤。

◎ 思考题

1. 通过数据对比，说明膜分离法对多糖纯化的效果如何？
2. 除了本实验的膜分离法外，植物多糖还可以使用哪些方法进行纯化？

实验 34　八角莽草酸的提取与纯化

一、实验目的

(1)巩固超声波法提取的原理与方法，掌握莽草酸的检测方法；
(2)学会使用大孔树脂柱层析技术纯化植物有效成分；
(3)学会制作洗脱曲线，了解影响纯化效果的因素。

二、实验原理

八角茴香，由于其中含有的莽草酸是合成抗禽流感特效药“达啡”的原料，使得其曾成为研究热点。我国八角茴香的产量占全球产量的90%(其中85%产自广西)，而目前消费的八角茴香大约95 %用作香料，5%作为药物使用，因此其药用上还有很大的开发潜力。超声波提取技术是由声学和中药化学相互交叉及渗透发展而来，应用于医药、化学、油脂、食品等各个领域之中，特别在药材成分提取中显现出了其强大的生命力。超声波是一种在水等介质和人体中具有良好穿透性的、以振动波的形式传播的一种机械能量。超声提取的原理主要包括机械作用、热效应及空化效应，是利用超声波辐射产生的强烈的空化效应、机械振动、扰动效应、高的加速度、乳化、扩散、击碎和搅拌等多种作用，增加物质分子运动的频率和速度、溶剂的穿透力，从而加速目标成分进入溶剂。同时超声波的热效应使水温基本保持在50℃左右，对原料有水浴作用。超声波提取所需设备简单，价格不贵，容易获得。树脂对性质各异的化合物作用强弱有差异，作用强的在层析柱中移动得慢，作用弱的移动得快。本实验采用超声波法提取八角中的莽草酸，进而通过大孔树脂对莽草酸进行纯化，得到纯度相对较高的莽草酸样品。

三、仪器、试剂与材料

1. 仪器

电子天平、超声波萃取仪、旋转蒸发器、粉碎机、紫外-可见分光光度计、数显恒温水浴锅、微孔滤膜、抽滤设备、色谱柱等。

2. 试剂与材料

试剂：95%乙醇 AR、无水乙醇 AR、莽草酸对照品（含量>98%）、甲醇、氯仿、正丁醇正。材料：八角茴香原料、NKA-9 大孔树脂等。

四、实验步骤

1. 标准曲线的制作

精密称取莽草酸标准品 0.0174g，用蒸馏水溶解、稀释定容于 10mL 容量瓶中，再用蒸馏水稀释 100 倍。分别精密移取 1.0mL、2.0mL、4.0mL、6.0mL、8.0mL 置于 10mL 容量瓶中，继续用蒸馏水稀释至刻度线。然后测定 190~390nm 的紫外吸收光谱，以最大吸收波长（大约 197.8nm）处的吸光度值建立标准曲线。根据 Lambert-Beer 定律，采用最小二乘法作线性回归，得到莽草酸浓度 C（mg/L）与吸光度 A 对应的标准曲线。

2. 八角莽草酸的提取

八角烘干、粉碎、过筛，取 60~80 目作为实验原料。称取 10g 八角粗粉于锥形瓶中，加入 300mL 体积分数为 45%的乙醇，超声波功率 400 W 下提取 30min，过滤后残渣再提取一次，合并两次提取液，减压蒸馏至浸膏状，加入 20mL 的蒸馏水充分溶解并混合均匀，微孔滤膜过滤，将滤液减压浓缩。将浓缩后的滤液每次用 5mL 乙酸乙酯多次反复萃取，直到乙酸乙酯层变为无色液体为止。然后向提取液中加入少量的活性炭，在 60℃水浴中浸泡 10min 后过滤，提取液变成无色或浅色液体，适当浓缩。

3. 八角莽草酸的纯化

(1)树脂预处理。树脂在使用之前，必须通过预处理，以去除在制备和储存中引入的诸如单体、致孔剂和其他有机杂质。树脂预处理过程主要包括：①热水洗至无味。这步用于洗去树脂中的水溶性杂质和单体。②用4~5倍95%的乙醇溶液浸泡树脂30min，倒出乙醇，重复2次，然后用蒸馏水洗至无味。乙醇浸泡的目的是为了除去树脂中的醇溶性杂质。③用4~5倍4~8%碱和酸分别处理30min。碱洗后用水洗至pH8~9，酸洗后水洗至pH5~6。碱洗和酸洗的目的分别是为了除去树脂中的碱溶性和酸溶性杂质（碱处理时必须用去离子水洗涤，因为自来水中含有钙镁等离子，在碱性条件下可能产生沉淀）。④将处理好的树脂装入容器，用蒸馏水浸泡，贮存备用。

(2)湿法装柱。在装柱之前先在柱中充满水，在柱下端铺一层玻璃丝，将柱下端旋塞稍打开一些，将树脂慢慢装入柱中，让树脂自动沉下，待树脂高度大约为30cm时再盖一层玻璃丝。

(3)纯化。将处理好的提取液倒入已经装柱的大孔树脂中，用50%的乙醇洗脱，调节流速约为1.5mL/min，每次用试管接取10mL，减压蒸馏至干后用水溶解并定容至25mL容量瓶中，精密移取一定体积各次的样品，稀释一定倍数使其在紫外最大吸收波长处的吸光度值在莽草酸标准曲线的线性范围内，根据其吸光度值从莽草酸标准曲线上换算出浓度，从而计算出每个样品中莽草酸的质量浓度。由莽草酸质量浓度和取样体积作出莽草酸的洗脱曲线。将所有测定到有莽草酸的试管中的样品溶液合并，减压蒸馏至干得纯化后的莽草酸样品。

4. 纯度计算

称重莽草酸样品，取少量并溶解至适当体积后按实验步骤1中的方法测定吸光度并计算莽草酸纯度。

$$莽草酸纯度(\%)=\frac{莽草酸测得量}{莽草酸样品质量}\times 100\%$$

五、注意事项

(1)提取过程中提取溶剂会不断挥发，为了减少溶剂的挥发，可以安装回流装置。为了简便操作，提取过程中也可以使用保鲜膜蒙住锥形瓶口。

(2)装柱要慢，树脂需要填装紧密，不能有断痕。在装柱和洗脱过程中，要注意树脂层应该全部浸泡在液面以下，切勿让上层树脂暴露在空气中，否则在这部分树脂间隙中混入空气泡，这部分空气泡在以后加水或加洗脱液时不会逸出。当树脂间隙中夹杂气泡时，溶液将不是均匀地流出树脂层，而是顺着气泡流下，不能流经某些部位的树脂，即发生“沟流”现象，使交换、洗脱不完全，影响分离效果。如果发现树脂层有空气泡，应将树脂倒出重装。

◎ 思考题

1. 超声波法提取与溶剂回流提取相比有哪些特点？
2. 大孔树脂层析纯化莽草酸的原理是什么？
3. 影响莽草酸纯化效果的因素有哪些？

实验35　番茄红素和β-胡萝卜素提取与分离

一、实验目的

(1)掌握从番茄中提取分离胡萝卜素和番茄红素的原理和方法；
(2)学会用分光光度计法测定胡萝卜素和番茄红素的方法；
(3)进一步巩固柱色谱、薄层色谱的原理和操作。
(4)学会灵活运用柱色谱、薄层色谱分离和鉴定化合物。

二、实验原理

番茄中含有番茄红素和少量的β-胡萝卜素，二者均属于类胡萝卜素。类胡萝卜素为多烯类色素，不溶于水而溶于脂溶性有机溶剂。本实验先用乙醇将番茄中的水脱去，再用二氯甲烷萃取类胡萝卜素。因为二氯甲烷不与水混溶，故只有除去水分后才能有效地从组织中萃取出类胡萝卜素。根据番茄红素与β-胡萝卜素极性的差别，用柱色谱可以将它们分离。分离效果可以用薄层层析进行检验。最后用分光光度法进行测定。

三、仪器、试剂与材料

1. 仪器

研钵、圆底烧瓶、冷凝管、酒精灯、石棉网、分液漏斗、三角漏斗、锥形瓶、洗瓶、玻璃棒、循环水式多用真空泵、抽滤装置、滤纸、色谱柱、滴管、水浴锅、载玻片、紫外-分光光度计。

2. 试剂与材料

试剂：95%乙醇、二氯甲烷、石油醚(60~90℃)、氯仿、中性或酸性氧化铝(柱层析用)、环乙烷、硅胶 G、饱和氯化钠溶液、无水硫酸钠。材料：新鲜番茄。

四、实验步骤

1. 原料处理与色素提取

称取新鲜番茄 20g 于研钵中磨碎，置于 100mL 圆底烧瓶中，加 95%乙醇 40mL，摇匀，装上回流冷凝管，回流 5min，趁热抽滤，只将溶液倒出，残渣留在瓶内，加入 30mL 二氯甲烷到瓶中，加热回流 5min，将上层溶液倾出抽滤，固体仍保留在烧瓶内，再加 10mL 二氯甲烷重复回流萃取一次。合并乙醇和两次二氯甲烷提取液，倒入分液漏斗中，加 5mL 饱和氯化钠溶液(有利分层)，振摇，静置分层。分出橙黄色有机相，使其流经一个在颈部塞有疏松棉花且在棉花上铺一层 1cm 厚的无水硫酸钠的三角漏斗，以除去微量水分。将此溶液储存于干燥的有塞子的锥形瓶中。层析之前，将此溶液在通风橱中用热水浴蒸发至干。

2. 柱层析分离

取一支长 15cm 左右内径为 1~1.2cm 的色谱柱，柱内装有用石油醚调制的氧化铝。将粗制的类胡萝卜素溶解于 4mL 苯中，用滴管在氧化铝表面附近沿柱壁缓缓加入柱中(留 1~2 滴供以后的薄层层析用)，打开活塞，至有色物料在柱顶刚流干时即关闭活塞。用滴管取几毫升石油醚，沿柱壁洗下色素，并通过放出溶剂至柱顶刚流干，从而使色素吸附在柱上。然后加入大量的石油醚洗脱。黄色的 β-胡萝卜素在柱中移动较快，红色的番茄红素移动较慢。收集洗脱液至黄色的 β-胡萝卜素从柱上完全除去，然后用极性较大的氯仿作洗脱剂洗脱番茄红素(注意更换接收瓶)。将收集到的两个部分在通风橱内用热水浴蒸发至干，将样品分别溶于尽可能少的二氯甲烷中，尽快进行薄层层析。

3. 薄层层析检验

在用硅胶 G 铺成的硅胶薄层板上距离底边约 1cm 处画上起跑线，分别用毛细管点上三个样品，中间点上未分离的混合物，两边分别点上分离得到的β-胡萝卜素和番茄红素。可以多次点样，即点完一次，待溶剂挥发干后再在原来的位置上重复点样。但要注意，必须在同一位置上点，而且样品斑点尽量小。点样时，毛细管只要轻轻接触板面即可，切不可划破硅胶层。样品之间的距离为1~1.5cm。将薄层板放入装有环己烷作展开剂的层析缸中，盖上盖子。切勿让展开剂浸没样品斑点。待溶剂展开至10cm左右时，取出层析板。因斑点会氧化而迅速消失，故要用铅笔立即圈出。计算不同样品的R_f值，比较不同样品R_f值大小的原因以及分离效果。

$$R_f=\frac{\text{斑点到起跑线的距离}}{\text{溶剂前沿到起跑线的距离}}$$

4. 分光光度法测定

在分离好的胡萝卜素和番茄红素中加入等量的石油醚进行稀释，将稀释的溶液在420~520nm波长范围内进行测定吸光度A，每隔10nm测定一次。作A-λ曲线。指出各自的最大吸收峰，并与标准吸收对照鉴定。

五、注意事项

(1)注意干燥剂无水硫酸钠的用量，用量太大或太小都会影响实验效果。

(2)当斑点颜色较强浅需多次点样时，要注意必须在同一位置上点，而且样品斑点尽量小，斑点直径最好不要超过2mm。

(3)点样时动作要轻，避免将薄层刺破。

(4)一次只能在层析缸中展开1块薄层板，避免相互干扰。

(5)注意柱层析过程洗脱的速度，太快或太慢都对实验不利。

◎ 思考题

1. 画出番茄红素和β-胡萝卜素的结构式，指出哪一个极性大。
2. 如何鉴别番茄红素和β-胡萝卜素。

实验36　大豆磷脂酰胆碱的提取与精制

一、实验目的

(1)熟悉旋转蒸发仪的结构和使用方法；

(2)了解从浓缩磷脂中提取磷脂酰胆碱的工艺过程，掌握工艺条件，力求获得得率高、质量好的磷脂酰胆碱。

二、实验原理

利用磷脂酰胆碱能溶于乙醇，而磷脂酰乙醇胺等不溶于乙醇的特性，先用乙醇从浓缩磷脂中反复萃取出磷脂酰胆碱，然后用丙酮萃取其中少量的油脂和脂肪酸，而得到精制的磷脂酰胆碱。

三、仪器、试剂与材料

1. 仪器

旋转蒸发仪、台天平、铁架台、真空泵、真空干燥箱、压力表、搪瓷盘、烧杯、量筒、温度计、玻璃棒。

2. 试剂与材料

乙醇、无水丙酮、大豆磷脂。

四、实验步骤

1. 提取

用天平称取浓缩大豆磷脂 20g 于 250mL 烧杯中，加入 20mL 乙醇，在水浴上加热至 60～70℃，并不断搅拌，使磷脂酰胆碱溶于乙醇中，呈棕黄色即停止搅拌。静止片刻，将上层含磷脂酰胆碱的乙醇撇去，再加乙醇。同样操作 4 次，直至磷脂酰胆碱大部分溶出为止。

2. 蒸馏

将含有磷脂酰胆碱的乙醇溶液放入旋转蒸发器中，在真空度 650～750mmHg、温度 35～40℃条件下回收乙醇到无蒸馏物为止，将余下物即磷脂酰胆碱、油、脂肪酸转移到 250mL 烧杯内。

3. 浸洗

将浓缩后的磷脂酰胆碱混合物加入 1∶1 的无水丙酮，不断搅拌、浸洗，磷脂酰胆碱中的油和脂肪酸都溶于丙酮中，静止片刻，将上层含油和脂肪酸的丙酮液撇出。再加入无水丙酮同样操作 3 次，直到磷脂酰胆碱中的油和脂肪酸全部洗净。

4. 干燥

将脱除油和脂肪酸的磷脂酰胆碱压成小块，放在搪瓷盘内，于真空干燥箱内，在温度 60～70℃、真空度 650～750mmHg 条件下烘干两个小时，直至无丙酮味，取出冷却称重。

5. 回收

将含有油丙酮液放旋转蒸发器蒸馏回收丙酮，温度为 35～40℃，蒸馏到无蒸物为止，然后回收油脂和脂肪酸。

6. 计算

$$\text{磷脂酰胆碱得率}(\%)=\frac{\text{磷脂酰胆碱重量}}{\text{样重}}\times 100\%$$

五、注意事项

(1)如果没有旋转蒸发器，可以使用普通减压蒸馏装置，不影响实验效果。

(2)注意蒸馏时不可蒸得太干，否则剩余物难以转移。

◎ 思考题

1. 分析可能影响磷脂酰胆碱得率的因素。
2. 怎样判断产品已经干燥好了？

◎ 附：R-1050Ex 防爆旋转蒸发仪

旋转蒸发仪主要用于蒸发浓缩、溶剂回收等。R-1050Ex 防爆旋转蒸发仪(图 9-3)大容量、大口径旋转蒸发瓶，蒸发面积大；减压置于浴槽中，边旋转边加热，使溶液高效扩散蒸发。可用于生物、医药、化工、食品等领域的小试、中试和生产。可与循环水式多用真空泵、隔膜真空泵、低温循环(真空)泵、循环冷却器、恒温循环器、低温冷却液循环泵等配套组成系统装置。为满足爆炸性气体环境使用条件，此蒸发仪设置了隔爆保护外壳。

图 9-3　R-1050Ex 防爆旋转蒸发仪

实验 37　大豆蛋白的制备

一、实验目的

(1)掌握利用蛋白质等电点进行沉淀分离蛋白质的原理；
(2)学会通过调节 pH 值沉淀蛋白质的操作方法和要领。

二、实验原理

蛋白质中含有可电离基团如羧基和氨基等，在酸性介质中以复杂的阳离子状态存在，带上正电荷；在碱性介质中以复杂的阴离子状态存在，带上负电荷。在某一 pH 值条件下，蛋白质以两性离子状态存在，呈电中性，在电场中不受电场力，该 pH 值称为该蛋白的等电点。当蛋白质在远离等电点的 pH 值条件下时，蛋白质是带电的，带电的蛋白质分子之间相互排斥而难以凝聚形成沉淀；而在等电点条件下，蛋白质溶解度降到最低而沉淀。不同蛋白质的等电点各不相同，因此可以通过调节溶液的 pH 值使不同的蛋白质分别沉淀而达到分离的目的。在本实验中，大豆中主要的蛋白质是 7S 和 11S 组分，占全部蛋白质的 70%以上，在等电点 pH=4.5 条件下，利用大豆蛋白在等电点时溶解度最低的原理，将大豆蛋白提取液 pH 值调至 4.5，使蛋白质沉淀，即可得到大豆分离蛋白。

三、仪器、试剂与材料

1. 仪器

400mL 烧杯：2 个；玻璃棒：1 支；离心机：配离心管 10 只。

2. 试剂与材料

1mol/L 盐酸、1mol/L 氢氧化钠；低温脱脂大豆粕；精密 pH 试纸：4.5 左右、7 左右。

四、实验步骤

1. 蛋白质的提取

称取 20g 低温脱脂大豆粕于 500mL 烧杯，加入蒸馏水 200mL，搅拌提取 20min，提取过程中保持 pH 值在 7.5 左右，3000 r/min 离心分离 15min，倒出上清液，剩余残渣加入 100mL 水，搅拌提取 15min，离心，合并上清液。

2. 沉淀

往上述蛋白液中慢慢加入稀盐酸调 pH 值至 4.5，然后放置 10min 左右后离心，离心转速大约为 3000 r/min，弃去上清液，蛋白质沉淀用 100mL 水洗涤，离心，得到的沉淀物即为大豆蛋白。

3. 干燥

大豆分离蛋白加 100mL 水，调 pH 值至 7，搅拌均匀，喷雾干燥。大豆蛋白在烘箱中，温度 80℃ 以下烘干。

五、注意事项

(1) pH 值调节是实验成功的关键，pH 值稍微偏高或者偏低，都有可能得不到大豆蛋白沉淀。调节 pH 值时要有足够的耐心，尤其是 pH 值接近大豆蛋白的等电点时要慢慢加入试剂，不能操之过急。

(2) 调节 pH 值用的酸和碱浓度不能太大。

◎ 思考题

1. 本实验蛋白质沉淀的原理是什么？
2. 碱提酸沉时酸碱滴加的速度会对结果产生什么影响？
3. 怎样才能提高蛋白质的得率？

实验 38　丁香挥发油的提取与分离

一、实验目的

(1)掌握挥发油的一般化学检识及薄层色谱检识方法；

(2)熟悉挥发油中酸性成分的分离方法；

(3)学会应用挥发油含量测定器提取药材中挥发油并进行含量测定的操作方法和操作要领。

二、实验原理

丁香，别名公丁香(花蕾)、母丁香(果实)。为桃金娘科植物丁香(Eugenia caryophyllata Thunb)的干燥花蕾及果实。原产于非洲摩洛哥，现我国广东亦有种植。丁香花蕾含挥发油(即丁香油)14%~20%，油中主要成分为丁香酚，占 78%~95%；乙酰丁香酚，约占 3%；以及少量的丁香烯、甲基正戊酮、甲基正庚酮、香草醛等。另外，它还含有齐墩果酸、鞣质、脂肪油及蜡。果实含丁香油 2%~9%。丁香酚(eugenol)分子式 $C_{10}H_{12}O_2$，分子量 164.20，是无色或苍黄色液体，bp. 225℃，几乎不溶于水，与乙醇、乙醚、氯仿可混溶。

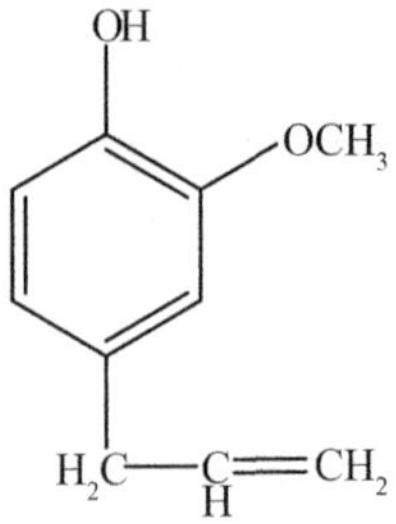

OH
OCH_3
$H_2C—\underset{H}{C}=CH_2$

丁香酚

本实验采用水蒸气蒸馏法提取丁香挥发油，利用丁香酚为苯丙素类衍生物，具有酚羟基，遇到氢氧化钠水溶液即转为钠盐而溶解，酸化时又可游离的性质将丁香酚从挥发油中分离出来。并利用丁香酚可与三氯化铁试剂发生反应的性质进行检识，也可将其与对照品同时点样进行薄层色谱检识。

三、仪器、试剂与材料

1. 仪器

烧瓶、挥发油测定器、烧瓶、回流冷凝管、电加热套、分液漏斗、毛细管、硅胶 G 薄层色谱板、烘箱。

2. 试剂与材料

试剂：蒸馏水、玻璃珠、二甲苯、10%氢氧化钠溶液、10%盐酸、无水硫酸钠、三氯化铁试剂、丁香酚对照品、乙醚、油醚（60 ~ 90℃）-醋酸乙酯（9∶1）展开剂、5%香草醛硫酸溶液。材料：丁香。

四、实验步骤

1. 丁香油的提取

取丁香 50g，捣碎，置于烧瓶中，加适量水浸泡湿润，按一般水蒸气蒸馏法进行蒸馏提取。也可将捣碎的丁香置于挥发油测定器的烧瓶中，加入蒸馏水 300mL 和数粒玻璃珠，连接挥发油测定器。自测定器上端加水使充满刻度部分，并溢流入烧瓶时为止，精确加入 1mL 二甲苯，然后连接回流冷凝管。加热蒸馏 30min 后，停止加热，放置 15min 以上，读取测定器中二甲苯油层容积，减去开始蒸馏前加入二甲苯的量，即为挥发油的量，再计算出丁香中挥发油的含量。

2. 丁香酚的分离

将所得的丁香油置于分液漏斗中，加 10%氢氧化钠溶液 80mL 提取，并加入 150mL 蒸馏水稀释，分取下层水溶液。用 10%盐酸酸化使丁香酚呈油状液体，分取油层，用无水硫酸钠脱水干燥，得纯品丁香酚。

3. 检识

取少许丁香酚置于试管中，加 1mL 乙醇溶解，加 2～3 滴三氯化铁试剂，显蓝色。

4. 薄层色谱检识

将提取得到的丁香油用乙醚配制成每 1mL 含 0.02mL 丁香油的供试液。另取丁香酚对照品，加乙醚制成每 1mL 含 20μL 的对照品溶液，吸取上述两种溶液各 5μL，分别点于同一硅胶 G 薄层色谱板上，以石油醚(60～90℃)-醋酸乙酯(9∶1)为展开剂，展开，取出，晾干，喷洒 5%香草醛硫酸溶液，于 105℃加热烘干。在供试品色谱与对照品色谱相应的位置上显相同颜色的斑点，表明供试品中含有丁香酚。

五、注意事项

(1)采用挥发油含量测定器提取挥发油，可以初步了解该药材中挥发油的含量，但所用的药材量应使蒸出的挥发油量不少于 0.5mL 为宜。

(2)挥发油含量测定装置一般分为两种，一种适用于相对密度小于 1.0 的挥发油测定。另一种适用于测定相对密度大于 1.0 的挥发油。《药典》规定，测定相对密度大于 1.0 的挥发油，也在相对密度小于 1.0 的测定器中进行，其做法是在加热前，预先加入 1mL 二甲苯于测定器内，然后进行水蒸气蒸馏，使蒸出的相对密度大于 1.0 的挥发油溶于二甲苯中。由于二甲苯的相对密度为 0.8969，一般能使挥发油与二甲苯的混合溶液浮于水面。由测定器刻度部分读取油层的量时，扣除加入二甲苯的体积即为挥发油的量。

(3)用挥发油测定器提取挥发油，以测定器刻度管中的油量不再增加作为判断是否提取完全的标准。

◎ 思考题

1. 从丁香中提取分离丁香酚的原理是什么？
2. 除可利用水蒸气蒸馏法提取挥发油外，还可采用什么方法提取挥发油？原理是什么？
3. 水蒸气蒸馏适用于哪些样品、哪些成分的提取？水蒸气蒸馏提取得到的挥发油有什么特点？

附录　实验常用仪器简介

序号	仪器	名称	用途	注意事项
1		玻璃棒	(1)搅拌。(2)引流。(3)蘸取少量液体。(4)转移固体。	
2		药匙	用来取用粉末状或颗粒状的固体药品。	
3		石棉网	用于加热(高温)不能直接被加热的容器。本身耐高温,能使容器均匀受热。	

续表

序号	仪器	名称	用途	注意事项
4		铁架台	用于夹持和固定各种仪器。附有铁圈和铁夹，铁夹内衬有绒布或橡皮，松紧适度。	
5		托盘天平	用于称量物质的质量，精度为0.1g。	(1)称量前先调零，左物右砝。(2)称量干燥的固体药品应放在纸上称量。(3)易潮解、有腐蚀性的药品(如NaOH等)，必须放在玻璃器皿里称量。(4)取用砝码应用镊子夹取，先加质量大的砝码，再加质量小的砝码。(5)称量完毕后，应把砝码放回砝码盒中，把游码移回零处。
6		电子分析天平	用于称量物质的质量，精度为0.0001g。供实验室称量试剂、试药、药品等使用。	环境温度范围：0～50℃；最大相对湿度范围：45%～65%RH；电压220V，频率50Hz。

续表

序号	仪器	名称	用途	注意事项
7	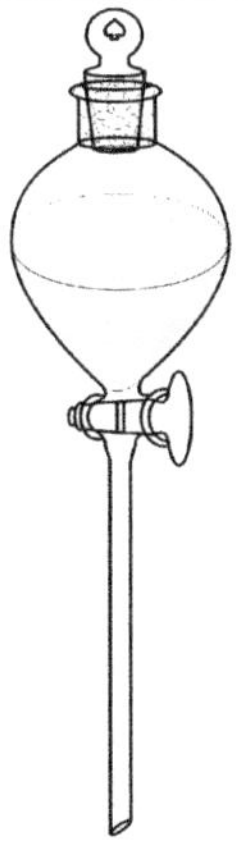	球形分液漏斗	用于萃取和分离不相容的液体。	(1)活塞能控制气体逸出。不需要把分液漏斗的末端插入液面以下。(2)分液漏斗顶塞和旋塞一一对应，不能与其他分液漏斗互换使用。
8	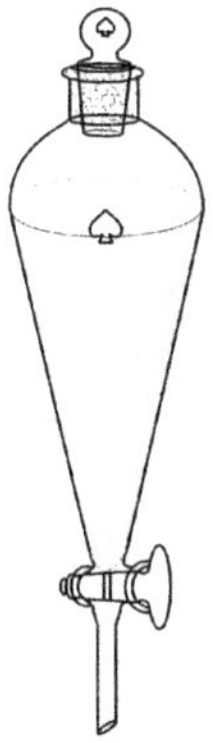	梨形分液漏斗		
9	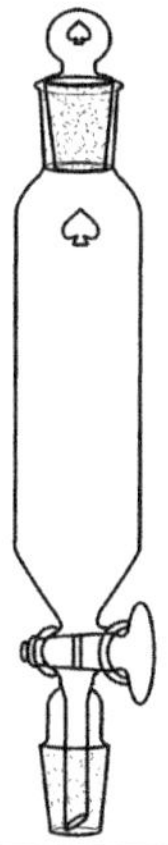	筒形分液漏斗		

续表

序号	仪器	名称	用途	注意事项
10		量筒	用于量取液体的体积。	(1)使用时注意量程和分度值。(2)仰视偏小俯视偏大。(3)水平放置，读数时视线应与凹液面最低处水平。(4)不能加热、配制溶液，不能作反应容器。
11		漏斗	用于过滤和向小口径容器内注入液体。	不能加热，使用时应与滤纸相匹配。
12		温度计	用于测量液体或气体的温度。	(1)注意选择好量程和分度值。(2)应在液体中读数。读数时视线应与示数水平。(3)不能用于搅拌。

续表

序号	仪器	名称	用途	注意事项
13		酒精灯	用于试剂量不多、温度要求不高的反应和实验装置的加热(热源)。	(1)使用前检查酒精灯，酒精量为 1/4 ~ 2/3。(2)加热用外焰，先预热。(3)点燃时用火柴，不能用一个酒精灯点燃另一个。(4)熄灭时用灯帽熄灭，同时要盖两次。
14		电加热套	用于回流、蒸馏等加热。	注意最终温度的控制。使用外置温度传感器时，内置温度传感器自动失效。外置温度传感器测温更准确。
15		容量瓶	用于精确配制一定体积、一定物质的量浓度溶液的仪器。	(1)使用前检查是否漏水。(2)用玻璃棒引流、用胶头滴管定容、与凹液面相切。(3)只能配制容量瓶上规定容积的溶液。(4)容量瓶的容积是在 20℃ 时标定的，转移到瓶中的溶液的温度应在 20℃ 左右。(5)不作反应器，不可加热，瓶塞不能互换，不宜贮存配好的溶液。

续表

序号	仪器	名称	用途	注意事项
16		移液管	用来准确移取一定体积的溶液。	(1)使用时注意分度值。(2)仰视偏小俯视偏大。(3)水平放置，读数时视线应与凹液面最低处水平。
17		锥形瓶	用于干燥产品、蒸馏时接收产品。	液体不超过容积的1/3。
18		烧杯	用作配制溶液和较大剂量的反应容器，在常温或加热时使用(水浴加热)。	(1)加热时应放置在石棉网上，使受热均匀。(2)溶解物质用玻璃棒搅拌时，不能触及杯壁或杯底，反应液量不超过容积的2/3，加热时不超过1/2。(3)须注意常用规格的选用(如配100mL溶液)。

续表

序号	仪器	名称	用途	注意事项
19		烧瓶：可分为圆底烧瓶、平底烧瓶和蒸馏烧瓶。注意圆底烧瓶与蒸馏烧瓶的区别。	用于试剂量较大而又有液体物质参加反应的容器，可用于装配气体发生装置。蒸馏烧瓶用于蒸馏，以分离互溶的沸点不同的物质。	(1) 圆底烧瓶和蒸馏烧瓶可用于加热，加热时要垫石棉网，也可用其他热浴(如水浴等)加热。(2) 液体加入量不要超过烧瓶容积的2/3，加热时不少于烧瓶容积的1/3，作为反应瓶回流或蒸馏时加碎瓷片以防暴沸。
20		蒸发皿	用于蒸发或浓缩溶液或结晶。	(1) 可直接加热，但不能骤冷。(2) 盛液量不应超过蒸发皿容积的2/3，结晶时，近干时可停止加热。(3) 取、放蒸发皿应使用坩埚钳。(4) 加热后的蒸发皿要放在石棉网上冷却。

续表

序号	仪器	名称	用途	注意事项
21		研钵	用来研碎固体。	不研易爆物，不作反应器。
22		蒸馏头	蒸馏时用于连接烧瓶与冷凝管。	(1) 在使用前应对磨口涂凡士林。(2) 如需测定温度，温度计水银球的上端应与蒸馏头支管口下沿处于同一水平面上。
23		布氏漏斗	用于减压过滤。	使用完时，应洗净倒扣于桌面上。
24		吸滤瓶	减压过滤装置中的承接滤液的容器。	(1)布氏漏斗的颈口斜面应与吸滤瓶的支管口相对。(2)滤液高度接近支管口时，拔掉吸滤瓶上的橡皮管，从吸滤瓶上口倒出溶液，不要从支管口倒出。(3)吸滤完毕或中途停止时，需先打开安全瓶活塞，然后拆下连接安全瓶和吸滤瓶的橡皮管，最后关闭循环水泵的电源停止抽气。

续表

序号	仪器	名称	用途	注意事项
25		三颈烧瓶	它有三个口，可以同时加入多种反应物，或是安装冷凝管。	
26		恒压滴液漏斗	为防止反应剧烈，需将反应物逐滴加入反应体系时采用。	上、下磨口按标准磨口配套，活塞不能跟其他恒压滴液漏斗活塞互换使用。
27		直形冷凝管	用于冷凝蒸气(空气冷凝管用于蒸馏沸点高于 140℃ 的物质)。球形冷凝管用于回流，直形冷凝管用于蒸馏。	连接口用标准磨口连接，不可骤冷、骤热。使用时用下口进冷却水，上口出水。

续表

<table>
<tr><th>序号</th><th>仪器</th><th>名称</th><th>用途</th><th>注意事项</th></tr>
<tr><td>28</td><td></td><td>空气冷凝管</td><td rowspan="2">用于冷凝蒸气(空气冷凝管用于蒸馏沸点高于 140℃ 的物质)。球形冷凝管用于回流，直形冷凝管用于蒸馏。</td><td rowspan="2">连接口用标准磨口连接，不可骤冷、骤热。使用时用下口进冷却水，上口出水。</td></tr>
<tr><td>29</td><td></td><td>球形冷凝管</td></tr>
<tr><td>30</td><td></td><td>真空接引管</td><td>用于蒸馏，连接冷凝管与接受瓶。</td><td>磨口按标准磨口配套。</td></tr>
</table>

续表

序号	仪器	名称	用途	注意事项
31		克氏蒸馏头	作为减压蒸馏的蒸馏头，便于同时安装提供微量气体(汽化中心)的毛细管和温度计，并防止减压蒸馏过程中液体因剧烈沸腾而冲入冷凝管。	接口较多，注意接口处涂上凡士林，确保接口处的气密性良好。
32		分水器	接收回流蒸气冷凝液，并将冷凝液中的水从有机物中分出。	磨口按标准磨口配套。
33		表面皿	可以用来做一些蒸发液体的工作，它可以让液体的表面积加大，从而加快蒸发。可以作盖子，盖在蒸发皿或烧杯上，防止灰尘落入蒸发皿或烧杯；可以作容器，暂时盛放固体或液体试剂，方便取用；可以作承载器，用来承载pH试纸，使滴在试纸上的酸液或碱液不腐蚀实验台。	不能像蒸发皿那样加热，需垫上石棉网。

续表

序号	仪器	名称	用途	注意事项
34		培养皿	培养皿是一种用于微生物或细胞培养的实验室器皿，由一个平面圆盘状的底和一个盖组成，一般用玻璃或塑料制成。	
35		三叉燕尾管	分离沸点不同的液体有机化合物。在不同温度下加热混合物，沸点不同，出来的先后顺序不同，可以通过燕尾管来实现不拆卸仪器的分离收集。	
36		干燥管	如反应物怕受潮，在冷凝管上端装干燥管来防止湿空气侵入。	(1)接冷凝管口应标准磨口配套。(2)颗粒状干燥剂填装不能太多，填满大半个球体即可。
37		减压毛细管	形成气化中心，防止爆沸，起到长效止爆的作用。	一般安装于液面以下离瓶底约 1mm 处，安装时要小心，容易被折断。

续表

序号	仪器	名称	用途	注意事项
38		空心玻璃塞	用于密闭标准磨口的圆底烧瓶或锥形瓶等。	
39		搅拌器套管	用于连接反应器与搅拌器。	磨口按标准磨口配套，使用时套管上端应套一短胶管。
40		温度计套管	用于连接温度计与烧瓶或蒸馏瓶。	上、下磨口按标准配套。
41		提取管	用于组装索氏提取器。	使用时注意虹吸管易碎。

续表

序号	仪器	名称	用途	注意事项
42		玻璃层析柱	用于吸附柱色谱和离子交换柱色谱。	注意选择合适的内径和有效长度。
43		乳胶管	乳胶管是乳胶材质制成的管子，主要应用于科研实验室连接各种导管、蒸馏和回流中通冷凝水。	
44		玻璃导管	用于连接。	

续表

序号	仪器	名称	用途	注意事项
45		SHZ-CD 型循环水式多用真空泵	用于减压过滤、减压蒸馏、真空干燥等。	见实验 1 后的附。
46		TDL-5A 低速大容量离心机	用于离心分离。	见实验 3 后的附。
47		KQ-100DE 型数控超声波清洗机	用于清洗、脱气、辅助提取。	见实验 10 后的附。
48	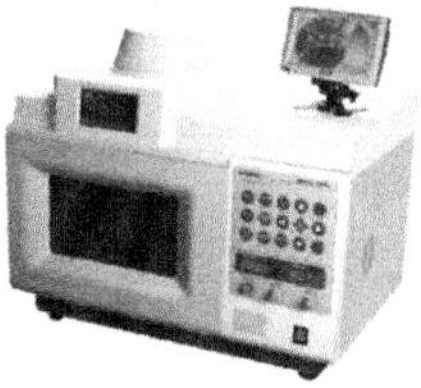	UWave-1000 微波·紫外·超声波三位一体合成萃取反应仪	用于加热、提取、合成、消解等。	见实验 11 后的附。

续表

序号	仪器	名称	用途	注意事项
49		T6 型新世纪紫外-可见分光光度计	用于测定溶液的吸光度、吸收光谱等。	见实验 12 后的附。
50		HHS 恒温水浴锅	应用于干燥，浓缩、蒸馏、浸渍化学试剂、浸渍药品和生物制剂、水浴恒温加热和其他温度试验。	使用过程中注意及时补充水，避免干烧；使用过后及时将水放出，避免长期浸泡。
51		R-1050Ex 防爆旋转蒸发仪	旋转蒸发仪主要用于蒸发浓缩、溶剂回收等。	见实验 36 后的附。

参考文献

[1]张文清．分离分析化学[M]．上海：华东理工大学出版社，2007.

[2]李运涛．无机及分析化学实验[M]．北京：化学工业出版社，2001.

[3]曾昭琼．有机化学实验(第三版)[M]．北京：高等教育出版社，2011.

[4]兰州大学，复旦大学化学系有机化学教研室．有机化学实验(第二版)[M]．北京：高等教育出版社，1994.

[5]张龙翔，张庭芳，李令媛．生化实验方法和技术(第二版)[M]．北京：高等教育出版社出版，1997.

[6]蔡武城，李碧羽，李玉民．生物化学实验技术教程[M]．上海：复旦大学出版社，1983.

[7]苏拔贤．生物化学制备技术[M]．北京：科学出版社，1986.

[8]王重庆，李云兰，李德昌，等．高级生物化学实验教程[M]．北京：北京大学出版社，1994.

[9]黄建华，袁道强，陈世峰，等．生物化学实验[M]．北京：化学工业出版社，2009.

[10]邵雪玲，毛歆，郭一清．生物化学与分子生物学实验指导[M]．武汉：武汉大学出版社，2003.

[11]汪建红，廖立敏，匡玉兰．柠檬籽中柠檬苦素的双水相提取方法研究及工艺改进[J]．食品工业，2016，37(11)：111-113.

[12]郭耀东，王华．葡萄皮渣花色苷的提取研究[J]．西北农业学报，2008，17(6)：119-122.

[13]廖立敏，李建凤，朱万平．3D-HoVAIF 模型用于八角茴香油成分色谱保留时间研究[J]．天然产物研究与开发，2009，21(6)：943-947.

[14]廖立敏，李建凤，王碧．正交设计及模型分析法用于八角香油提取研究[J]．华中师范大学学报，2011，45(2)：236-239.

[15]邹宁，李雪谊，廖立敏．柑橘皮水溶性色素超声波提取研究[J]．食品工业科技，2014，35(11)：230-232.
[16]廖立敏，邹宁，黄茜，等．响应面优化超声波提取血橙皮多糖工艺[J]．食品工业科技，2016，37(11)：212-216，221.
[17]王巍杰，贾晓东．菠菜叶中叶绿素 a 和其他有效成分的分离提纯[J]．河北理工学院学报，2006(2)：122-124.
[18]李玉明，林琳，陈坚刚，等．薄层色谱法在叶绿体色素分离实验中的有效应用[J]．生物学通报，2005，40(12)：53-54.
[19]周秋平，张慕黎．绿叶中色素的提取和分离实验的改进[J]．现代阅读(教育版)，2011(23)：25-26.
[20]李富霞，王富余．绿叶中色素的提取和分离实验步骤的改进[J]．生物学通报，2010，45(1)：49.
[21]黎继烈，张慧，曾超珍，等．超声波辅助提取金橘柠檬苦素工艺研究[J]．中国食品学报，2009，9(4)：97-103.
[22]李建凤，钟梦莉，廖立敏．响应面满意度函数用于金银花多糖提取研究[J]．华中师范大学学报，2016，50(6)：886-891.
[23]李建凤，廖立敏，王碧．中心组合设计提取橘皮色素研究[J]．华中师范大学学报，2013，47(6)：801-804.
[24]黄茜，李建凤，廖立敏．超声波辅助提取脐橙皮多糖研究[J]．食品研究与开发，2016，37(19)：40-43.
[25]孙秋香，肖婷．茶叶中茶多酚的提取、测定及应用[J]．湖北第二师范学院学报，2009，26(8)：47-49，57.
[26]梁璧，吴兆亮，胡滨，等．泡沫浮选萃取法分离精氨酸[J]．现代化工，2008，2(7)：43-46.
[27]滕康利．游离精氨酸的测定[J]．山东果树，1985(1)：38-40.
[28]李晓军，郭立新，文卓琼．泡沫浮选法去除废水中 Cr(Ⅵ)的应用研究[J]．精细石油化工进展，2010，11(10)：41-42.
[29]汪德进，沈建平，沈文豪．泡沫浮选法处理含铬废水的试验研究[J]．化肥工业，2003，30(3)：13-15.
[30]牛晓霞．含铬废水的处理方法综述[J]．洛阳大学学报，1999，14(4)：39-43.
[31]廖立敏．八角茴香油及莽草酸的提取与分析[D]．重庆：重庆大学，2008.

[32]欧阳小艳，马超，孙武，等．米糠多糖提取与纯化工艺研究[J]．中国调味品，2015，40(3)：101-107.

[33]张崇坚，吴正奇，杜志欣，等．宁夏枸杞色素提取与纯化的工艺研究[J]．食品科技，2015，40(5)：247-251.